U0219548

动植物疫病传染人吗

 蒋建科 / 编著

曲晨阳 / 绘制

中国农业大学 出版社
China Agricultural University Press

内容简介

人会生病，动植物也会生病，那么动植物疫病会传染人吗？怎么预防猴痘？什么病每年数以亿计的人感染？细菌也"爱吃草"？能让人毁容的还有寄生虫？水果"杀手"、玉米"克星"都是谁？本书精选26种常见的人兽共患病，23种植物危险性病虫、草害，用通俗易懂的文字和风趣幽默的插画向大家讲述与人类疫病密切相关的常见人兽共患病，以及对全球粮食产业及生态环境造成重大影响的病虫、草害，给出您想知道的答案。

图书在版编目（CIP）数据

动植物疫病传染人吗 / 蒋建科编著；曲晨阳绘制 .
-- 北京：中国农业大学出版社，2022.9
ISBN 978-7-5655-2868-2

Ⅰ.①动⋯　Ⅱ.①蒋⋯②曲⋯　Ⅲ.①兽疫—防疫②疫病（植物）—防疫　Ⅳ.①S851.3②S432.4

中国版本图书馆CIP数据核字（2022）第176386号

书　　名	动植物疫病传染人吗		
作　　者	蒋建科 编著　曲晨阳 绘制		

策划编辑	刘　聪　董夫才	责任编辑	刘　聪
封面设计	麦莫瑞文化		
出版发行	中国农业大学出版社		
社　　址	北京市海淀区圆明园西路2号	邮政编码	100193
电　　话	发行部 010-62818525，8625	读者服务部	010-62732336
	编辑部 010-62732617，2618	出　版　部	010-62733440
网　　址	http：// www.caupress.cn	E-mail	cbsszs@cau.edu.cn
经　　销	新华书店		
印　　刷	涿州市星河印刷有限公司		
版　　次	2022年10月第1版　2022年10月第1次印刷		
规　　格	148 mm×210 mm　32开本　4.75印张　135千字		
定　　价	28.00元		

图书如有质量问题本社发行部负责调换

前　言
PREFACE

2020年初，一场史无前例的新冠肺炎疫情席卷全球，对世界经济社会造成了重大影响，疫情至今也没有完全消退。

其实，自人类诞生以来，各种疫情不断发生，从来就没有消停过。与人类朝夕相处的动植物也有各种各样的疫病，其产生的直接危害和潜在危害绝不亚于新冠肺炎。

2020年，联合国环境规划署（UNEP）称，新冠病毒（SARS-CoV-2）的出现不足为奇。事实上，病毒从动物传播到人类正变得越来越普遍。在过去的一个世纪里，人兽共患病的数量不断提升。

人兽共患病在人类疾病中占据了非常大的比重。在世界卫生组织（WHO）统计分类的近1 500种人类疾病中，超过60%属于人兽共患病，而且这一比例随着时间的推移正不断升高。

据有关资料统计，目前全世界已证实的200余种动物传染病中，有半数以上可以传染给人类，另有100种以上的寄生虫病也可以感染人类。已知在中国存在并流行的人兽共患病约有90种。

每年大约有200万人死于被忽视的人兽共患病，多数发生在中低收入国家。疫情的魔爪也伸至发展中国家的牲畜种群，导致大批牲畜生病、死亡、生产力受损，造成数亿小规模农户被拖入极度贫困的深渊。仅在过去的 20 年中，人兽共患病已造成超过 1 000 亿美元的经济损失。如果将 2020 年新冠肺炎大流行的损失计算在内，预计相关损失在未来几年将达到 9 万亿美元。

新发和再现的人兽共患病数量正在以指数级增长。自 20 世纪 70 年代以来，刚果民主共和国共暴发了 11 次埃博拉病毒疫情，其中 6 次发生在过去 10 年中。新发冠状病毒感染也越来越频繁——从严重急性呼吸综合征，即传染性非典型肺炎（SARS）到中东呼吸综合征，再到现在的新冠肺炎。虽然并非所有的人兽共患病都会发展为大流行病，但大多数大流行病都是由人兽共患病引起的。

世界卫生组织、世界动物卫生组织、联合国粮食及农业组织已经建立了三方合作机制，以帮助各国实施"同一个健康"策略。联合国环境规划署的加入将进一步强化这一治理机制。我们需要实施完整且有效的"同一个健康"策略，才能预防人兽共患病的出现和传播，并降低其对社会的危害，但这远远超出了健康和环境保护主义的范畴。

随着全球贸易的快速增长和旅游业的发展，许多动植物疫病也在全球快速传播，给人类社会发展埋下隐患，应当引起高度重视！

除了给人类带来重大威胁的人兽共患病以外，我国的法定检疫对象还包括动物寄生虫和植物危险性病虫、杂草。为此，本书在人兽共患病的基础上，采用大疫病的思路，将寄生虫、植物病虫、杂草等列入检疫目录的有害生物一起向公众进行科普。尤其是植物病虫、杂草等，虽然它们不会传染给人类疾病，但也是重点检疫对象，本书把它们归入"疫"的一种，因为它们通过生态环境影响着人类健康和经济社会安全，其潜在危害不亚于人兽共患病。

科普是提高人类对动植物疫病免疫力的最好"疫苗"！本书以动植物疫病为主线，兼顾病虫、杂草等，用大科普方式向公众科普相关科学知识，旨在提高公众预防动植物疫病的意识，为人类筑起经济社会安全发展的"防火墙"。

蒋建科

2022 年 8 月

目 录
CONTENTS

五、不长腿也四处乱跑的植物病害

六、除之不尽的入侵杂草

常见的病毒性人兽共患病

篇首语：

它既不会说话，也不会走路，既不会制造飞机，也不用买票，却能成功地乘坐飞机、轮船等交通工具，"畅游"世界多个国家和地区；它自己没有多少跨越空间传播的能量，却能通过各种传播途经，成功地进入万千人的身体；它还具有不断"变异"的看家本领，可以成功地躲避人类的杀灭和防御……

想必不用说，您已经猜到它是谁了——目前仍在全球肆虐的新冠肺炎病毒。

冠状病毒病是继埃博拉出血热、中东呼吸综合征、西尼罗热和裂谷热之后，最新暴发的又一种人兽共患病。在人类的影响下，病原体越来越容易从动物宿主传播到人类身上。

蓝天、白云、高山、流水……人们追求美好的生活，但生活中却隐藏着肉眼看不见的危险：高到离地球表面8万米的高空，深达海平面下1万米的海底，都有它的踪迹；在动植物的体表和体内，在土壤、河流、冰川、地壳表层、盐湖、沙漠，都生活着为人熟知或鲜为人知的各种病毒。

本章我们就带领大家认识一大类既能感染动物又能感染人类的病毒，它引发的疾病叫作人兽共患病。

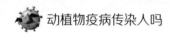

 埃博拉出血热：
致命的烈性传染病 ➡

埃博拉是苏丹南部和刚果（金）（旧称扎伊尔）一条美丽河流的名称。1976 年 9 月中旬，在这个地区的扬布库村，一场突如其来的疫情打破了此处宁静。村里一间小教会医院，报告了几十例相同病例，症状比疟疾还严重：鼻出血、出血性腹泻等。在埃博拉河沿岸，疫情迅速扩散到 55 个村庄。

原来，这场疫情的幕后黑手是一种十分罕见的病毒，因为在埃博拉河流域发现，所以后来被命名为埃博拉病毒。埃博拉病毒能导致人类和其他灵长类动物患上埃博拉出血热，是当今世界上最致命的病毒性出血热之一，感染症状包括恶心、呕吐、腹泻、肤色改变、全身酸痛、体内出血、体外出血和发烧等，死亡率为 50% ～ 90%。

埃博拉出血热是人兽共患病，有学者认为，果蝠、猴子和猩猩都有可能是病毒宿主。由于埃博拉病毒致死率很高，目前市场尚没有有效的疫苗，因此被限制仅可在"四级生物安全实验室"中进行研究。病人一旦感染这种病毒也没有有效的治疗方法。有医生形容说，感染上埃博拉病毒的人会在你面前"融化"。隔离病人是目前唯一能阻止该病蔓延的方法。

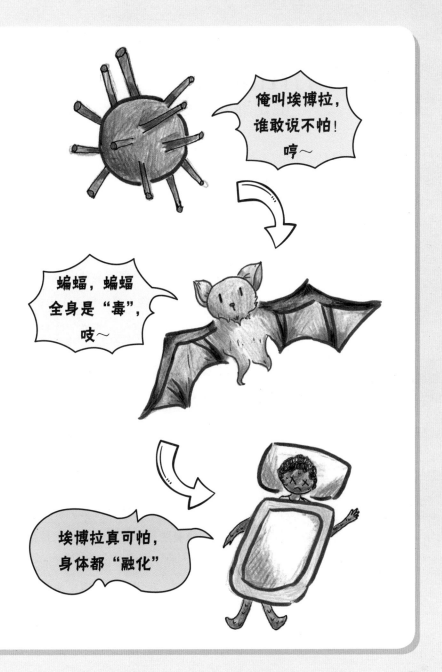

2. 流行性出血热：
谁是罪魁祸首 ➡ /////////////

流行性出血热！听到这个名字就不由得让人心头一惊，出血了，人还能坚持多久？

话说第一次世界大战时，蛰伏在战壕里的士兵不仅要遭受轮番炮火，以及毒气和机关枪的袭击，还有一种奇怪的疾病也同样威胁着他们的生命。这种疾病的主要症状是发高烧、肾衰竭和出血。

到第二次世界大战时，这种可怕的疾病像幽灵一样再次出现。当时大家只知道这种疾病跟老鼠有关，但一直没人能说清这是什么病。直到1978年，才有科学家分离出流行性出血热的病毒毒株：汉坦病毒。

流行性出血热是以鼠类为主要传染源的自然疫源性急性传染病。流行性出血热的病人发作时主要表现为突然高热，还可能伴有明显倦怠无力、头痛、腰痛、皮肤黏膜出血等症状。这种病不仅流行广，病情危急，而且病死率高，危害极大。

科学研究进一步发现，传播汉坦病毒的罪魁祸首是一种学名叫作黑线姬鼠的小田鼠，其脊柱两侧有明显纵走黑色条纹，是半水生动物。

春、秋两季是流行性出血热高发期。我国是流行性出血热主要流行区之一，全国除青海和台湾外均有疫情发生。

/////////////

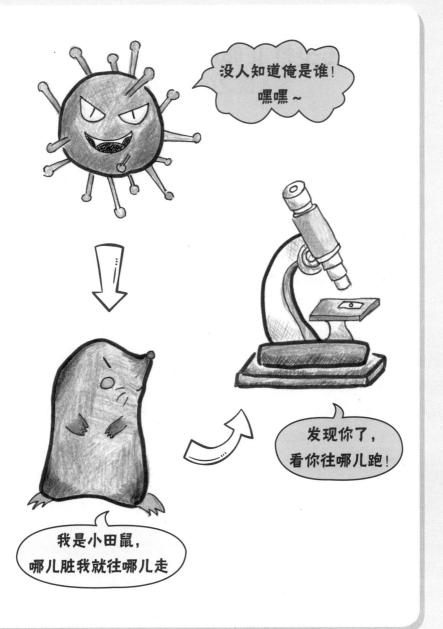

3. 传染性非典型肺炎：
令人谈之色变 ➡

2003 年年初，严重急性呼吸综合征（SARS）席卷全球。我国的疫情也非常严重。

严重急性呼吸综合征又称传染性非典型肺炎，简称非典。我国科学家曾从 6 只果子狸标本中分离出 3 株与 SARS 类似的病毒，并从蛇、浣熊、蝙蝠等野生动物体内分离出 SARS 病毒。

人类对 SARS 病毒具有高度易感性。一般认为，近距离飞沫传播是非典经空气播散的主要形式，非典病人的痰液及其他排泄物均含有病毒，都可对环境造成污染。生活中若人不慎接触了污染物，可经手、口、鼻、眼角膜等引起感染，所以接触传染是非典的一种主要传播途径。

新冠肺炎与非典的传播方式较为相似，所以 SARS 的防治经验也可以运用到新冠肺炎防控中——公众场合戴口罩、勤洗手、多通风、少聚集。

4. 狂犬病：
被犬咬了及时打疫苗 ➡

　　随着经济社会的快速发展，越来越多的宠物走进了人们的日常生活。然而，一种叫作狂犬病的急性传染病，直接威胁着人类健康。

　　这种由狂犬病病毒引起的疾病是一种人兽共患病，多见于犬、狼、猫等动物，人多因被病兽咬伤而感染。症状表现为特有的恐水、怕风、瘫痪等。因为恐水症状比较突出，所以也有人把此病称为恐水症。

　　我国的狂犬病主要由犬传播。对狂犬病尚缺乏有效的治疗手段，人患狂犬病后的病死率几近 100%，患者一般 3 ～ 6 天内死于呼吸或循环衰竭。

　　庆幸的是，法国科学家路易·巴斯德成功研制了狂犬病疫苗。当时人们相信，火焰与高温可以净化一切，于是但凡有人被动物咬伤，他们都会用烧红的铁棍烙烫伤口。人们想"烧"死看不见的病原，但如此原始、残酷的做法，不仅没有治好狂犬病，反而往往加速了死亡的来临。

　　1880 年年底，一位兽医给巴斯德带来了两只疯犬，希望他能研制出防治狂犬病的疫苗。根据天花疫苗的原理，巴斯德和助理们把狂犬病毒制成溶液注射到兔子体内，然后从病死的兔子身上取出一小段脊髓，悬挂在烧瓶中"干燥"，再把干燥的脊髓组织磨碎加水，制成了最初的"疫苗"。仅一年多的时间，巴斯德就利用狂犬病疫苗拯救了1 500多人的生命。

被动物咬伤或抓伤后，应立即用20%的肥皂水反复冲洗伤口。不要迷信土办法，而是应该尽快接种狂犬病疫苗，严重者还需注射抗狂犬病血清。

被动物咬了不要慌，及时去医院打疫苗

5. 口蹄疫：

A 类传染病之首 →

口蹄疫，顾名思义，其症状主要表现为动物口腔黏膜和蹄部发生水疱，俗名"口疮""辟癀"，是由口蹄疫病毒所引起的偶蹄动物的一种急性、热性、高度接触性传染病。

千万别被这个病的名字迷惑，以为病毒仅仅侵染一些动物的口腔和蹄部。口蹄疫听起来危害不大，但实际上它是世界范围内危害最大和造成经济损失最大的人兽共患病之一！自 1544 年发现以来，口蹄疫已经发生数百起大流行，发病和死亡的动物不计其数。近年来，以英国为代表的欧洲口蹄疫大暴发震惊了世界。主要原因是动物感染口蹄疫以后传播速度很快，发病率极高，一旦造成大流行，不易控制和消灭。因此，世界各国都特别重视对口蹄疫的防控。

作为一种人兽共患病，口蹄疫的易感动物达 70 多种。人一旦受到口蹄疫病毒传染，经过 2～18 天的潜伏期后会突然发病，但却会在数天后痊愈，愈后良好。患者对人基本无传染性，但可把病毒传染给牲畜，再度引起畜间口蹄疫流行。在 17—19 世纪，德国、法国、瑞士、意大利、奥地利等就已有口蹄疫的流行记载。口蹄疫严重危害畜牧业的健康发展以及相关产品的对外贸易，对国家的政治、经济具有深远的影响。为此，世界动物卫生组织

（OIE）将其列为 A 类传染病之首。

　　口蹄疫发病没有严格的季节性，一般在冬季比较严重。人类口蹄疫多为散发，儿童发病比较多。在发展中国家，中国走在口蹄疫防疫的前列。

6. 尼帕病毒病：
尚无良药可医

尼帕病毒病是近年来发现的一种由尼帕病毒引起的急性高度致死性传染病，发病率高，主要表现为神经症状和呼吸道症状。1997年此病首次在马来西亚Perak州Nipah（尼帕）地区猪群中暴发，同时感染人，所以这种新病毒就被命名为尼帕病毒。

截至目前，尼帕疫情已发生过10多次，均在南亚。该病有进一步扩散到其他国家的可能性，是一个具有重要公共卫生意义的全球性疾病。

尼帕病毒病是一种人兽共患病，它的可怕之处在于没有可用的药品或疫苗。

尼帕病毒与新冠肺炎病毒一样属于RNA病毒，病毒可由动物传播给人类，也可人传人。尼帕病毒在猪等动物身上会引起严重疾病，给养殖者造成重大的经济损失；在人身上也可导致严重的疾病，主要以脑部炎症（脑炎）或呼吸系统疾病为主。

尼帕病毒病的暴发与环境破坏直接相关。尼帕病毒的自然宿主为食果蝙蝠，由于森林面积减少，食物不足，使得食果蝙蝠从传统的森林迁移到森林边缘附近的果园摄取食物。马来西亚有许多养猪场与果园相邻，被食果蝙蝠污染的果实被猪吃掉后，就将病毒带进了人类生活的环境中。

对该病目前还没有有效的药物和治疗方法，只能采取强制措施，淘汰患病动物，以免将病毒传给人类。

7. 流行性乙型脑炎：
小心蚊子 ➡

　　流行性乙型脑炎（乙脑）的病原体于 1934 年在日本被日本人发现，故又名日本乙型脑炎。乙脑是由乙型脑炎病毒感染所致的，以脑实质炎症为主要病变的中枢神经系统损害的急性传染病。乙脑以蚊子为媒介进行传播，常流行于夏、秋季节。该病主要分布于亚洲。

　　大多数乙型脑炎病毒感染者症状较轻（发热和头痛）或没有明显症状，但大约每 250 名感染者中会有 1 人出现严重疾病。儿童最初主要症状可能是胃肠疼痛和呕吐。严重者体现为体温急剧上升、头痛、颈部僵硬、丧失方向知觉、昏迷、抽搐、痉挛性瘫痪乃至死亡。出现严重症状者的病死率可高达 30%。

　　我国科学家在 1939 年分离到乙脑病毒，并将其改名为流行性乙型脑炎。

　　乙脑的传染与蚊子有直接关系。携带病毒的蚊子通常在农村水稻田里或城市的排水沟里繁殖。它们通过叮咬猪，让病毒在猪的体内寄生，人们食用了携带病毒的猪肉后就容易感染脑炎。1926—1938 年乙脑暴发时，正是日本猪养殖数量高速增长的时期，从 50 多万头增长到了将近 100 万头，所以也称流行性乙型脑炎为猪乙型脑炎。

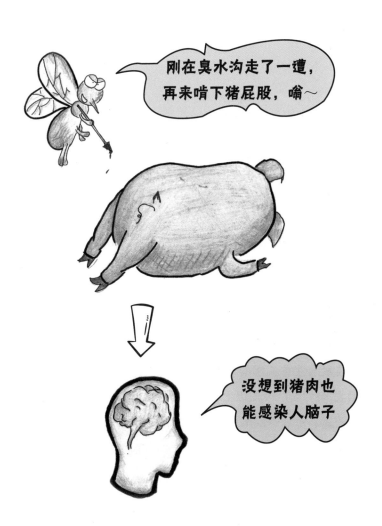

8. 高致病性禽流感：
重在预防 →

冬、春季是流行性感冒的高发季节，别以为只有人容易感冒，其实动物也会得"感冒"。例如，鸡得的"感冒"就叫禽流感。

鸡蛋、鸡肉是优质蛋白质的来源，日常生活不可或缺。然而，一种叫作高致病性禽流感的传染病却对我国的养鸡业和人民健康造成了巨大的负面影响。

高致病性禽流感可以引起人急性呼吸道感染，病情轻重不一，严重者可致败血症、休克、多脏器功能衰竭等。2004年12月1日开始实施的《中华人民共和国传染病防治法》已将人感染高致病性禽流感列入乙类传染病进行管理，并规定按甲类传染病的预防措施处理。

高致病性禽流感的早期表现类似普通型流感，主要为发热，体温大多持续在39℃以上，热程1～7天，一般为3～4天，可伴有流涕、鼻塞、咳嗽、咽痛、头痛、肌肉酸痛和全身不适。部分患者可有恶心、腹痛、腹泻、稀水样便等消化道症状。多数轻症病例愈后良好。

禽流感病毒主要通过消化道和呼吸道进入人体来感染人。人类直接接触含禽流感病毒的家禽及其粪便，或者直接接触禽流感病毒，都可以被感染。飞沫（喷嚏）及呼吸道分泌物（痰等）可以感染人；带有相当数量病毒的物品，比如家禽的粪便、羽毛、呼吸道分泌物、血液等，也可以经过眼结膜或破损的皮肤接触引起感染。

　　注意：鸡蛋可以吃，但不要吃生鸡蛋，一定要做熟。

天天炖鸡吃，怎么还生病了？阿嚏！

9. 登革热：
每年亿计人感染 ➡ //////////////

每年天气转暖时，最适合人们外出旅游，尤其是到了 7—9 月份，赶上暑假，正是学生们出行游玩的最好时节。然而，各种蚊子也在这个季节凑热闹，传播各种疾病，到郊外旅游一定要注意防止蚊虫叮咬。

1779 年，在埃及开罗、印度尼西亚雅加达及美国费城等地，发现了一种奇怪的病，医生根据发病症状将其命名为关节热和骨折热。1869 年，英国伦敦皇家内科学会将其命名为登革热。

登革热的"登革"一词由英语 Dengue 翻译而来。Dengue 的由来众说纷纭，比较普遍的说法是源自斯瓦希里语（Swahili）中的 Ki-dinga pepo，意思是突然抽筋，犹如被恶魔缠身。在中国台湾，登革热被称为"天犬热"或"断骨热"，在新加坡和马来西亚被称为"骨痛热症"或"蚊症"。

登革热是由登革病毒感染所引起的人兽共患急性传染病，主要通过埃及伊蚊和白纹伊蚊传播，广泛流行于热带和亚热带地区，我国广东、福建、云南、广西、台湾等南方省份经常有病例出现。据世界卫生组织估计，目前全球 2/5 的人口受到登革热感染的威胁，每年感染该病的人以亿计。2019 年，WHO 将其列入全球十大健康威胁因素。

//////////////

登革热虽然主要通过伊蚊叮咬传播，但也不必"蚊"风丧胆，控制蚊媒是减少登革热的最理想方法，要着重清除蚊虫孳生场所。同时加强监测工作，及时发现传入病例，并尽快采取措施，防止登革热疫情蔓延。

10. 新城疫：
重要禽类疾病 ➡

新城疫是影响世界家禽生产的重要禽类疾病之一，1926 年首次发现于印度尼西亚，随后广泛流行于世界各地。我国 1928 年就有该病的记载。

鸡新城疫具有高死亡率、高发病率和传播迅速的特点，在世界范围内已经造成了巨大的经济损失。世界动物卫生组织（OIE）已将该病列入"一经确认立即上报"的疾病，世界各地对该病的发生和流行都给予了高度重视。

鸡新城疫是由新城疫病毒引起的鸡和火鸡的一种急性高度接触性传染病，自然感染潜伏期为 2 ～ 15 天，平均 3 ～ 5 天。其特征为体温升高、腹泻、排绿色粪便、呼吸困难，有的出现神经症状，呼吸道和消化道发生出血性炎症。该病发病率和死亡率都很高，目前仍是困扰我国养鸡业的重要疫病之一，被 OIE 列为 A 类传染病，我国农业农村部将其列入一类动物疫病。

新城疫可感染 250 种不同禽类，人也可以感染新城疫，表现为结膜炎或类似流感临床诊断症状。近年来，新城疫的宿主范围有扩大的趋势，鹅、鸭等水禽也可感染发病。

11. 牛痘：
帮助人类获得天花免疫力 ➡

　　年龄稍大的人，胳膊上都会有一个接种牛痘疫苗的疤痕，这个疤痕记录了人类与天花斗争的历史。

　　天花是由天花病毒感染人引起的一种烈性传染病，痊愈后可获终生免疫。天花是最古老也是死亡率最高的传染病之一，已经有几个世纪的历史。

　　天花传染性强，没有患过天花或没有接种过天花疫苗的人均能被感染，主要表现为严重的病毒血症，染病后死亡率高。预防天花非常有效且简便的方法是接种牛痘。天花病毒是痘病毒的一种，人被感染后无特效药可治，患者痊愈后在脸上会留有麻子，"天花"由此得名。

　　天花病毒抗性较强，能对抗干燥和低温，在痂皮、尘土和被服上，可生存数月至一年半之久。

　　18 世纪末，英国医生爱德华·琴纳在英国乡间行医，当地人都知道，挤奶女工似乎不会受到天花的影响。琴纳就猜测，也许是女工挤奶时手上长的牛痘让她们获得了免疫力。牛痘这种病和天花类似，但是要温和得多，一般不会造成太大伤害。为了验证自己的理论，琴纳做了个实验。他从挤奶女工手上的痘痂里取了一些脓液，接种给了一名 8 岁男孩。男孩仅是发了烧，但是没什么大事。而最关键的一步是，琴纳随后给男孩接种了天花，男孩并没有发病。琴纳通过这个试验证明，接种牛痘确实能让人获得对天花的免疫力。从此，世界上第一支疫苗诞生。

　　琴纳的工作现在被认为是免疫学的基石，而天花也成了少数被人类从地球上根除的传染病。

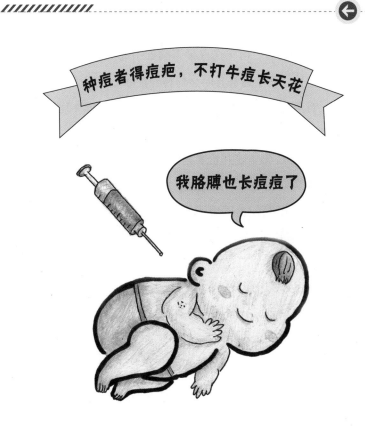

12. 疯牛病：

牛真疯了 ➡ ////////////////

疯牛病难道是牛真疯了吗？可以说是牛疯了，但其本质是牛感染了一种病毒病。

疯牛病是对牛海绵状脑病（BSE）的俗称，是由朊病毒引起的一种牛的传染性脑病，由于病毒侵害脑部引起脑灰质海绵状水肿和神经元空泡化，病牛通常有明显的神经症状，表现为烦躁不安，行为反常，对声音和触摸敏感，有攻击性，故称"疯牛病"，病牛最后极度消瘦而死亡。

疯牛病于 2003 年年底开始横越太平洋首次入侵美国，使美国失去了"疯牛病安全地区"的地位，接踵而来的大量宰杀和来自世界各国的贸易限制使美国蒙受了巨大的经济损失。截至目前，至少有 20 个国家和地区发生过疯牛病。尽管我国目前尚无关于疯牛病的报道，但政府部门仍在加强预防，提高检测能力，坚决抵制疯牛病的入侵。

疯牛病的潜伏期一般为 2～8 年，平均为 4～5 年，易感群体一般为 4～5 岁的成年牛。疯牛病之所以引起世界性恐慌，不单是它对养牛业造成的巨大经济损失，更重要的是它对人类健康存在巨大的潜在威胁。近年来，越来越多的证据支持疯牛病是人类新变异型克－雅病的病因，在世界范围内掀起了人们对疯牛病的恐慌潮，并引起各国政府的高度重视，中国也已将其列为一类动物疫病。人确诊该病后只能存活 4 ～ 6 年，目前无药可治。尤其牛肉是西方人最重要的食品之一，所以人们的恐慌心理不言而喻。

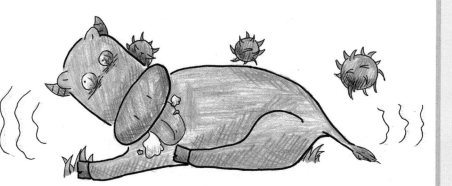

13. 猴痘：
用什么来预防？

2022 年 5 月，英国、美国、葡萄牙、西班牙、德国、澳大利亚、意大利、瑞典等多个国家相继报告发现猴痘确诊病例。猴痘与正在全球肆虐的新冠肺炎疫情叠加，进一步加剧了人们的恐慌。

猴痘是一种人兽共患病，1958 年该病在实验动物猴子身上发现，1970 年初次在人身上发现，患者主要集中在非洲中西部的雨林国家。猴痘得名是因为它最早在猴子身上发现，但这并不意味着只有猴子身上才有猴痘病毒。事实上，猴痘病毒的自然宿主还有很多，松鼠、土拨鼠、兔子等都是。

猴痘的潜伏期为 5 ～ 21 天。感染者最初会患上轻微的流感样疾病，比如头痛、发烧、发疹和淋巴结肿大，但几天后就会从面部开始出现皮疹。皮疹通常会从面部扩散到身体的其他部位，尤其是四肢。对大多数人来说，猴痘是一种自限性疾病，通常持续2 ～ 4 周即可完全康复，但也有感染者会出现严重疾病。所谓自限性疾病是指疾病具有自动停止的功能，在疾病发展到一定程度后，会因为自身免疫的关系逐步恢复、痊愈，不需要特殊的治疗。

直接接触感染动物的血液、体液、皮肤或黏膜损伤部位等，可能导致猴痘病毒从动物传染到人类。食用烹饪不当的感染动物也是"动物传人"的风险因素。

一般来说，猴痘病毒在人际传播并不常见。人际传播途径包括密切接触感染者的呼吸道分泌物、皮肤损伤部位或被污染物品等。呼吸道飞沫传播的发生需要长时间地面对面接触。此外，猴痘病毒可能经由胎盘或生产期间的密切接触发生母婴传播。

神奇的是，猴痘病毒和著名的天花病毒同属一个病毒家族，因此针对天花病毒的疫苗对猴痘病毒也有保护效力，接种天花疫苗对预防猴痘的效果约为85%。常见的家用消毒剂可以杀死猴痘病毒。日常应该保持良好的手部卫生，避免食用野味，避免接触来历不明的动物。

猴痘病毒

常见的细菌性人兽共患病

篇首语：

　　鼠疫、炭疽等听起来令人毛骨悚然的疫病，幕后黑手竟都是肉眼看不见的细菌。

　　细菌性疾病是除了病毒病之外的另一大类人兽共患病种类，对人类的危害绝不亚于病毒性人兽共患病。

　　细菌和病毒虽然同属于微生物，但两者却截然不同。病毒没有细胞结构，细菌有细胞壁。这就是很多抗生素杀菌的原理，抗生素进入人体可以破坏细菌的细胞壁或者阻止它合成细胞壁，细菌就死掉了，而人体细胞因为没有细胞壁这个结构，所以不受影响。

　　细菌性疾病可以通过呼吸道、消化道、皮肤以及血液和血液制品传染。可怕的是，有些细菌拥有超强的生命力，当下许多杀菌消毒方式对它都无效，而且它寿命极长，即便把它深埋于地下或者真空封存，几十年后都还有很强的感染能力和超强的传播能力。

　　总之，细菌性人兽共患病更要引起我们的高度关注。

14. 炭疽：

"爱吃草" →

提起炭疽，马上会让人想起两次世界大战中曾经作为细菌战的生化武器，以及 2001 年发生在美国的"邮寄炭疽信"恐怖袭击事件。炭疽，真有那么可怕吗？

炭疽是由炭疽杆菌引起的一种人兽共患的急性传染病，主要发生在牧民，以及与皮毛、肉食、畜产等有关的人群中。炭疽是世界动物卫生组织规定的必须通报的疫病。

炭疽分为皮肤炭疽、肠炭疽、肺炭疽三种，其中皮肤炭疽最为常见，占 95% 以上，大多发生在手、脚、面部、颈肩部等裸露的皮肤上面。

如果皮肤接触到污染物，炭疽杆菌会通过皮肤上的微小伤口进入人体，引起皮肤炭疽。感染后，病人一般会有发热和寒颤症状，皮肤上先出现类似蚊虫叮咬的包块，之后出现水疱，继而中央坏死，形成像煤炭一样的黑色焦痂。

"炭疽杆菌爱吃草，七窍流血吓人跑。"这则顺口溜表达了炭疽的严重性。"爱吃草"是指炭疽主要发生于牛、马、羊等草食动物身上，这些患病的草食动物是主要传染源（其次是猪和犬）。患病的家养动物血液在用显微镜放大后才能看到一些小东西，比红细胞还小，长条形，就像一根根小木棍，即炭疽杆菌。患病牲畜会有败血病症状，七窍流血，非常吓人。

　　农民、牧民、兽医、屠宰场和皮毛加工厂工人等因职业关系，与病畜及其皮毛、排泄物、带病菌芽孢的尘埃等的接触机会较多，发病率也较高。炭疽患者的分泌物和排泄物也具传染性。

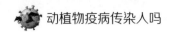

15. 钩体病：
肆虐全世界 ⟶

　　德国医师外耳于 1886 年首次报告了一种流行性出血热黄疸病，称外耳病，后来被证实为黄疸型钩端螺旋体病。

　　在显微镜下观察，发现钩端螺旋体菌体纤细，常呈"C"形或"S"形，一端或两端弯曲呈钩状。钩端螺旋体菌体引起的急性全身性感染性疾病，叫钩端螺旋体病，简称钩体病。

　　我国古代医书中有"打谷黄""稻疫病"记载，与近代钩端螺旋体病类似，该病在我国分布甚广。1970 年后，我国各地加强了对该病的广泛防治，使钩端螺旋体病的流行逐年下降，多数地区已经基本控制了该病的暴发和流行。

　　鼠类和猪是两大主要传染源。鼠类能终生带菌，而且鼠类通过尿液排菌，能造成环境的长期污染。

　　猪在各种年龄段都可感染，但仔猪发病较多，特别是哺乳仔猪和断奶仔猪发病最严重。钩端螺旋体可随带菌猪和发病猪的尿、乳汁和唾液等排于体外而污染环境。糟糕的是，猪的排菌量大，排菌期长，而且与人接触的机会多，对人也会造成很大威胁。更麻烦的是人感染后，也可带菌和排菌。

　　钩端螺旋体病的扩散几乎遍及全世界，在东南亚地区尤为严重。我国大多数地区都存在和流行这个病。

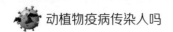

16. 布鲁氏菌病：
生熟案板要分开 →

布鲁氏菌病是由布鲁氏菌引起的人兽共患病，对人类健康和畜牧业生产等有极大的危害。

布鲁氏菌属主要由羊种布鲁氏菌、牛种布鲁氏菌、猪种布鲁氏菌、犬种布鲁氏菌等组成。

羊种布鲁氏菌是 1887 年英国随军医生 Bruce 从发热的士兵脾脏中发现的，为了纪念这位首次分离到这种细菌的英国医生，科学家们将这种细菌命名为布鲁氏菌，也称布氏杆菌。

牛种布鲁氏菌由丹麦兽医伯纳德于 1897 年从牛体中分离。猪种布鲁氏菌于 1914 年从印第安纳州流产的猪胎儿中分离，但直到 1929 年才确定为猪种布鲁氏菌。

目前，已知有 60 多种畜禽和野生动物是布鲁氏菌的宿主。与人有关的传染源主要是羊、牛和猪，其次是犬。

牧民和兽医等密切接触家畜的人群千万要注意！牧民接羔，兽医为病畜接生等都是风险极大的环节。此外，剥牛羊皮、剪羊毛、挤奶、屠宰病畜、与羊戏耍等均可导致人感染该病，该病菌一般从接触处的破损皮肤进入人体。

实验室工作人员常可通过皮肤、黏膜感染该菌。进食染菌的生乳、乳制品和没有煮熟的病畜肉类时，病菌也可通过消化道进入人体。此外，病菌还可通过呼吸道黏膜、眼结膜等感染人。布鲁氏菌病不产生持久免疫，病后再感染也时有发生。

布鲁氏菌最大的风险点是人群对其普遍易感，尤其以羊的布鲁氏病最为多见。因此在日常生活中预防布鲁氏菌病要注意分开生熟案板，肉要煮熟、烤熟后再食用，吃火锅时夹生熟肉的筷子要分开。

涮羊肉真好吃！

生熟要分开

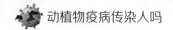

17. 结核病：
早接种早预防 →

　　如果您在城郊旅行，也许会注意到结核病医院的牌子。但令人想不到的是，结核病竟然也是人兽共患病！

　　结核杆菌可侵入人体各个器官，但主要侵犯肺脏，所以叫肺结核病。肺结核病其实是一种古老的疾病，人的肺结核病俗称"肺痨"，可以算世界上最古老的疾病之一，科研人员在 4 500 年前的埃及木乃伊身上就发现过结核杆菌的痕迹。

　　目前，结核病仍然在全球广泛流行，世界卫生组织将每年3 月 24 日定为"世界防治结核病日"。

　　感染人、牛、羊、鼠的结核杆菌都不一样。其中感染牛的结核杆菌感染范围非常广，牛、羊、马、骆驼、猪、鹿、犬、猫、狐狸、貂等动物及人均可感染。

　　人感染结核杆菌后不一定发病，该菌潜伏期长短不一，有时可潜伏 10 ～ 20 年。早发现、早治疗是预防肺结核的根本措施，卡介苗接种也是一种有效的预防措施。

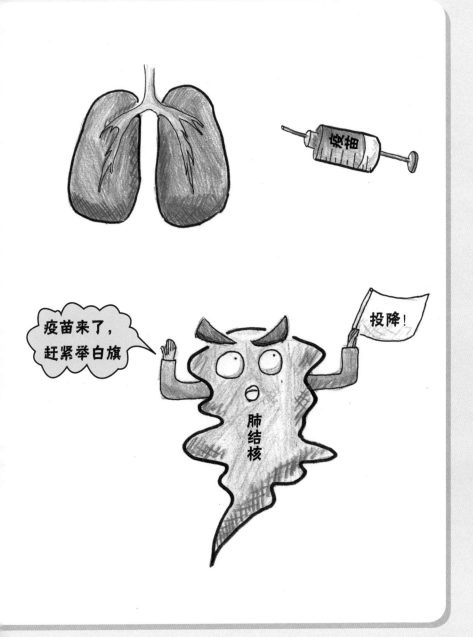

18. 鼠疫:
臭名昭著的黑死病 ➡

鼠疫俗称黑死病,是由鼠疫耶尔森菌引起的人兽共患病,具有传染性强、传播速度快、病死率高等特点。临床主要表现为高热、淋巴结肿痛、出血倾向、肺部炎症等,如果不治疗,病死率高达30%～60%。据世界卫生组织报道,每年有1 000～3 000人死于鼠疫。鼠疫属国际检疫性传染病,我国将其列为甲类传染病的首位。

历史上,鼠疫曾在欧洲造成约5 000万人死亡。鼠疫自然疫源地分布在亚洲、非洲、美洲等的60多个国家和地区。目前流行最广的3个国家是马达加斯加、刚果民主共和国和秘鲁。

我国目前存在12种类型的鼠疫自然疫源地,主要在西藏和青海,其他地区也有散发。最主要的传染源是啮齿类动物,包括鼠类、旱獭等。人类鼠疫的首发病例多由跳蚤叮咬所致。鼠疫患者在疾病早期即具有传染性。败血型鼠疫、腺肿发生破溃的腺鼠疫患者等也可作为传染源。无症状感染者不具有传染性。

人类对鼠疫普遍易感,没有天然免疫力,但病后可获持久免疫力。人鼠疫流行均发生于动物鼠疫之后。人鼠疫多发生在6—9月,肺鼠疫多在10月以后流行,这与鼠类活动和鼠蚤繁殖情况有关。

大多数权威人士认为公元前 1320 年的腓力斯人的瘟疫，是腺鼠疫流行的首次记载。3 次世界性鼠疫大流行分别发生在公元 1 世纪、14—17 世纪和 19 世纪，大约有 2 亿人死于鼠疫，给人类带来了深重的灾难。

健康教育是预防鼠疫的关键。了解该病的症状、传播方式以及对人类的危害，可以提高对鼠疫的预防水平。

我们一起对抗鼠疫

飞沫会传播

跳蚤叮咬会传播

直接接触
也会传播

19. 猪链球菌病：
早发现早治疗 ➡

　　猪链球菌病是由多种致病性猪链球菌感染引起的人兽共患病，在我国被列为二类动物疫病，病猪表现为发热和严重毒血症状，早期发现和治疗后大部分可以治愈，但严重病例治疗不及时会有较高的死亡率，影响养猪场的效益和食品安全。所以要重视疾病的防治。

　　猪链球菌病在猪中有较高的流行性，在人群中不常见。然而，人一旦感染就比较严重。人群普遍易感，尤其是屠夫、屠宰场工人及养殖户发病率高。其他人群如运输、清理病死猪的工人和司机等也易感染猪链球菌。屠宰厂工人咽部可以带菌，他们虽表现为健康状态，但具有潜在危险。

　　现代集约化密集型养猪更易流行此病，一年四季均可发生。病猪和带菌猪是主要传染源，病猪排泄物污染的饲料、饮水和物体也会使猪只经过呼吸道和消化道感染而发病。

20. 沙门菌病：
食物中毒列榜首 ➔

现在，有些人以吃生鸡蛋养生，更有人给自己的宠物饲喂生肉。但你可能不知道，这背后隐藏着大风险：沙门菌感染。

等等，沙门怎么听起来像一个人名？没错！沙门菌正是根据著名的兽医病理学家丹尼尔·沙门博士的名字命名的。

沙门菌是一种常见的食源性致病菌，病人一般起病急，主要表现为腹痛、腹泻、恶心、呕吐等消化道症状，严重者可引起脱水。也有病人出现低热并伴随消化道症状，或有皮疹、肝脾肿大的表现，严重者出现肠穿孔、肠出血等并发症。沙门菌属有的专对人类致病，有的只对动物致病，也有的对人和动物都致病。沙门菌病是指由各种类型沙门菌所引起的对人类、家畜以及野生禽兽不同形式疾病的总称。被沙门菌污染的食品可使人发生食物中毒。据统计，在世界各国的细菌性食物中毒种类中，沙门菌引起的食物中毒常列榜首。

很多食物表面看起来很新鲜，但在大家看不见的角落也许正孳生着细菌。防控沙门菌病比较重要的几点：不宰杀、食用病畜（禽），肉（蛋）类一定充分煮熟，不吃隔夜久置的食物，加强对屠宰场、肉类运输和食品厂等的卫生检验与检疫，注意饮水消毒。沙门菌病患应及时接受治疗，按照对症治疗的原则，实施临床救治。

三、

常见的寄生虫性人兽共患病

篇首语：

  诱人的烧烤、色味俱佳的火锅让人大快朵颐，然而美食后面也有一定的食品安全隐患。寄生虫，一个大家并不陌生的词语，就有可能藏在这些美食里，给人们的健康带来危害。

  孕妇最怕什么寄生虫？"大肚子"的祸首是谁？让人奇痒难安的是螨虫？其实日常生活中我们经常遇到各种寄生虫，只是大家不知道而已。寄生虫有哪些危害？怎么预防寄生虫病？本章我们带您认识形形色色的寄生虫。

21. 弓形虫病：
孕妇大忌 ➡

　　猫捉老鼠，天经地义。谁知猫捉老鼠也有风险！如果猫捕食了野鼠，而野鼠赶巧吃了被弓形虫污染的食物，猫就会感染一种名为弓形虫的传染病。

　　弓形虫病又称弓形体病，是由弓形虫引起的人兽共患病。在人体多为隐性感染，主要侵犯眼、脑、心、肝、淋巴结等。弓形虫是孕期宫内感染导致胚胎畸形的重要病原体之一，是孕妇的大忌。

　　弓形虫可以在猫体内大量繁殖，排出的弓形虫卵粪便一旦污染了水源和食物，就可能引起人感染弓形虫，形成猫－弓形虫－鼠－猫的传染闭环。

　　可怕的是，猫、犬等动物的唾液中也有弓形虫，可从小孩的黏膜或破损的皮肤进入体内。因此，免疫力比较低下的宝宝要尽量远离这些动物，避免感染。

　　如今，饲养宠物的居民越来越多，流浪猫、流浪犬也随之增加，更有许多热心人喂养这些小动物。其实，喂养只是一时的，最好的办法是报告动物救助站来收养这些流浪宠物，同时要避免近距离接触流浪宠物。

22. 日本血吸虫病：
"大肚子"祸首 ➡ ////////////

血吸虫是一类有着吸盘的寄生虫。在我国主要流行的是日本血吸虫。这种血吸虫是 1904 年由日本学者鉴定并命名的，其主要分布地是中国、日本等地。

日本血吸虫具有在人体内有性繁殖、在钉螺内大量无性繁殖的特性。想要消灭血吸虫是极为困难的，只要水体中有一个感染血吸虫的钉螺，这一片水域很快便会充满血吸虫幼虫，变为疫水。到了血吸虫病晚期，患者往往还会变得体型消瘦，腹部由于腹水变成"大肚子"。

在江西省余江县（现余江区）曾流传着这样的民谣：身无三尺长，脸上干又黄。人在门槛里，肚子出了房。2016 年，我国血吸虫被"控制在低流行状态"。瘟神终于被送走。

农渔业系统频繁接触到污染水源的人易发生此病。以男性青壮年农民和渔民感染率最高，男性多于女性，夏、秋季感染机会最多。淡水中多有血吸虫虫卵，甚至尾蚴，下地及捕鱼的人也易被感染。

患者的粪便能以各种方式污染水源，如河湖旁设置厕所、河边洗刷马桶，以及患病牲畜随地排便都可污染水源。

//////////

23. 疥螨病：
奇痒难安 ➡

当我们准备把一只可爱的小猫或小狗带回家的时候，最好先将其带到宠物医院，让医生给它们做个详细体检，在确定健康的情况下，再把它们带回家。

但这还不够，对宠物还要做到定期接种疫苗、驱虫、防虱。同时教育宠物如何与人相处，最好做到定时定点大小便，尽量减少与人过分亲密的行为（亲吻、同食、同睡），否则有可能给人带来较大的健康隐患。

这绝对不是吓唬你！因为弄不好就有感染疥螨的风险，一旦染病，人就会奇痒难安。

疥螨又称疥癣虫，民间俗称长癞。疥螨病是一种寄生于人畜皮肤上的、接触感染的瘙痒性、慢性寄生虫病。疥螨常寄生于羊、猪和马等的皮毛中，现代家庭中多发生在猫和犬身上。

1834 年，法国巴黎的一名女性患者被确认感染螨虫，从此让人们认识到螨虫与皮肤感染的关系。疥螨病曾在工业化国家连续散发甚至暴发。致人疥螨病的螨虫与致动物疥螨病的螨虫，在形态上很相似。近年来，一些学者认为寄生在人和动物身上的螨虫都是同一种，只因为长期寄生在不同寄主身上，而形成了适宜于某种动物的亚种。

24. 棘球蚴病：
难缠的"吞金"病 →

　　近年来兴起的宠物热，让一种叫作棘球蚴病的人兽共患病在一些非流行区出现，不断出现棘球蚴原发病人和动物感染的报道。

　　棘球蚴病俗称包虫病，是一种古老且严重的人兽共患的疾病，犬为终宿主，羊、牛是中间宿主；人因误食虫卵而患包虫病也会成为中间宿主。

　　我国现存最早的中医理论奠基之作《灵枢经》，就有腹部囊型肿块的表述，1761 年冰岛报道了第一例包虫病尸检病例。

　　目前，包虫病仍然是一个重要的公共卫生问题。我国是包虫病高发国家之一，国内高发流行区主要集中在高山草甸地区及气候寒冷、干旱少雨的牧区及半农半牧区，以新疆、青海、甘肃、宁夏、西藏、内蒙古、陕西、河北、山西和四川北部等地较为严重。特别在青藏高原地区，家犬作为农牧民重要的生产资料，数量庞大，还有大量野犬或无主犬，都是棘球蚴病的传染源。

　　家犬、狐狸等犬科动物和猫科动物是棘球蚴病的主要传染源。犬因食入病畜内脏而感染。病犬排出的虫卵污染牧场、水源等自然环境及羊毛等畜产品。人与家犬接触，或食入被虫卵污染的水、蔬菜或其他食物也可被感染。棘球蚴病的治疗一般比较复杂，而且价格昂贵，有可能需要大型外科手术或长期药物治疗。

25. 利什曼病：

可能毁容的怪病 ➡

有一种人兽共患病能让人毁容，听起来挺恐怖的，这种病叫利什曼病，也叫黑热病，或糖胶树胶工人溃疡（胶工溃疡）等。在动物疾病中也叫犬内脏利什曼病。

利什曼病是由利什曼原虫寄生于人、犬和部分野生动物身上而引起的人兽共患病，人类感染的严重程度从轻度皮肤损伤到累及面部的严重毁容。如不予合适的治疗，患者大多数在得病后 $1 \sim 2$ 年内因并发其他疾病而死亡。本病多发于地中海国家及热带、亚热带地区。我国将利什曼病列入《人兽共患传染病名录》和《一、二、三类动物疫病病种名录》。

利什曼原虫的传播媒介为白蛉。病人、感染犬和部分野生动物是传染源。

利什曼病被世界卫生组织列为危害人类最为严重的 6 种热带病之一。在我国，利什曼病流行于长江以北。近年来，部分地区出现少数散发病例，新疆、甘肃、四川等地有明显回升趋势，值得重视。

预防利什曼病的办法包括科普宣传、消灭病犬、消灭白蛉和使用蚊帐、蚊香驱虫等。

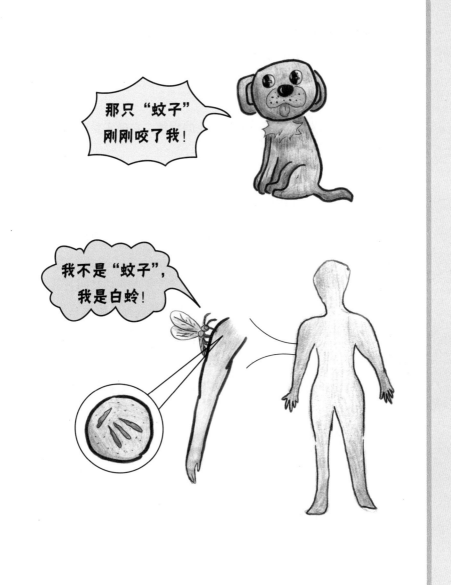

26. 阿米巴病:
加强卫生管理 ➡

　　阿米巴病听起来又是一个很专业的病种,它确实是因致病元凶阿米巴原虫而得名的。

　　阿米巴病是多种阿米巴原虫寄生于人和动物的肠道、皮肤、脏器等引起的人兽共患原虫病,广泛分布于世界各地。该病的主要症状为腹泻,对人和动物健康均存在潜在威胁,能造成很大经济损失。

　　阿米巴病是一种侵袭性较强的疾病,可在人和动物间自然传播,凡是从粪便中排出阿米巴包囊的人和动物,都可成为感染源。据估计,全世界人口中至少有 10% 的人感染了溶组织内阿米巴,其中有 4 万～ 11 万人死于该病。感染该病的人群中,90% 不出现临床症状,10% 发生侵袭性病变,其中以热带和亚热带的发展中国家为高发区。

　　多数家畜和野生动物都可大量感染溶组织内阿米巴,如猪、牛、羊、犬、猫、幼驹、野兔、水貂、灵长类动物、两栖动物、爬行动物以及鱼类的鲑鱼等,试验用的大鼠、小鼠、豚鼠、沙鼠、仓鼠,甚至家鼠都可作为其储藏宿主。

　　阿米巴病主要经口传播,一旦被感染,它就会以二分裂体方式迅速增殖。在一些经济不发达、卫生条件差、饮水被污染、粪便管理不严的地区，水和食物是重要的传播源，加上大量灵长类动物、鼠类和一些昆虫等带囊者的媒介作用，阿米巴原虫很容易在人和动物中自然传播。在采自我国台湾 11 所小学的蟑螂中发现，有 35.7% 的蟑螂消化道和表皮上携带有致病性阿米巴包囊。

　　预防阿米巴病的关键是消灭传染源和切断传播途径，包括加强粪便管理，注意公共卫生，对群养动物定期检查等。同时注意消灭蟑螂、苍蝇等可能污染食物的害虫，减少发病概率。

四、
如幽灵般飘荡的植物虫害

篇首语：

　　害虫虽小，危害极大！农业害虫的可怕之处首先在于它们大都会迁飞，不分国界、不分地界，到处乱窜。即使相邻的两块地，如果给甲地块喷药，害虫可能立即飞到乙地块继续为害，防治难度大，防治成本高。

　　其次，农业害虫产卵量大，繁殖力强，一旦成灾，很难控制。

　　再次，农业害虫还可以免费搭乘人类使用的各种交通工具漂洋过海，进行全球传播。

　　植物危险性害虫是非常重要的检疫对象。虽然它们不会直接给人类带来疾病，但却可以通过影响农业安全生产和破坏生态环境间接影响人类的健康生活，因此也可以看作"疫"的一种。

　　以咀嚼式害虫——蝗虫为例，成虫体长 3 ～ 5 厘米，但每平方千米的蝗群一天消耗的农作物量，相当于 3.5 万人一天的口粮！而刺吸式害虫麦蚜（小麦田最主要的害虫），成虫体长虽然只有区区 2 ～ 3 毫米，但据测算，麦蚜使小麦产量的损失率达到 10% ～ 30%。

27. 美国白蛾：
能吃不挑食 ➡ ///////////////

　　既能够造成大规模环境破坏，又能给人以巨大心理打击和视觉污染的，唯有美国白蛾。

　　美国白蛾已被国家生态环境部列入中国首批 16 种外来入侵物种名单。

　　美国白蛾的繁殖能力非常恐怖，一年繁殖三代，一只雌蛾一次产卵 800 ～ 2 000 粒，一年可繁衍 2 亿只幼虫，美国白蛾的幼虫经常会"团伙作案"，5 龄前的美国白蛾幼虫会在树枝间织起天罗地网，把一大片树叶覆盖起来"聚餐"，它们在网里集中，昼夜取食，吃完换个地方再织网取食，它们吐丝结网可以把 100 亩成片森林的树叶吃光。

从不为繁殖后代所烦恼

所以消灭一只雌蛾相当于拯救了 100 亩的森林！如果把森林吃完了，美国白蛾幼虫迁徙时会雨点般地掉到人头上、身上，还会成群地爬到人们家中，占领民居，甚至占领床铺，人们往往被吓得不敢回家。

美国白蛾是举世瞩目的世界性检疫害虫，原产于北美洲，"二战"期间随军用物资漂洋过海传播到欧洲，1940 年首次在匈牙利发现，随后的几十年中如同野火般蔓延到除北欧外的欧洲大部分地区。1945 年，美国白蛾又随军用物资登陆日本东京，首次到达亚洲，后经朝鲜战争到达韩国，一路北上进入朝鲜。1979 年，美国白蛾出现在辽宁丹东地区，正式入侵中国。

美国白蛾具备入侵生物的一切特点，首先是能吃不挑食。美国白蛾的食性之杂，在整个昆虫纲中都名列前茅。它们的寄主几乎包括所有你能见到或见不到的阔叶乔木、灌木、花卉、农作物、杂草，甚至裸子植物。

美国白蛾成虫具有"趋光""趋味""喜食"的 3 个特性，对气味较为敏感，特别是对腥、香、臭最敏感。一般在卫生条件较差的厕所、畜舍、臭水坑等周围树木上极易发生疫情。成虫喜欢夜间活动和羽化，雌蛾喜欢在光照充足的植物上面活动及产卵，所以见光多的植物枝条和叶片受害较重。美国白蛾所过之处，可谓是片叶不留；严重时，就像是被火烧过一样，故而它被称为"无烟的火灾"。

对付美国白蛾，一开始靠物理防治，比如人工采蛹、人工捕蛾、人工网捕及诱杀等方法，之后使用化学和生物药剂防治，但是都没有起到多大效果。后来中国林业科学研究院首席科学家杨忠岐研究员根据生物界"相生相克"的原理，去寻找和发现自然界中控制这种害虫的天敌。经过十多年的调查研究，杨忠岐发现，美国白蛾在我国有 32 种天敌，他从中筛选出了生物防治美国白蛾的特优天敌——白蛾周氏啮小蜂，同时攻克了天敌大规模人工繁育的难题，研究出了一套无公害利用天敌防治美国白蛾的新技术，解决了我国无污染无公害防治美国白蛾的难题。

可以说，利用白蛾周氏啮小蜂防治美国白蛾是我国生物防治的一个创举，使我国利用昆虫天敌防治美国白蛾的技术跃居世界前列。

除此之外，陕西、山东等疫区采用这种以虫治虫及与美国白蛾核型多角体病毒（NPV）、苏云金杆菌（Bt）等生物制剂相结合的措施，收到了显著的防治效果。

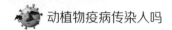
28. 蝗虫：

饥饿制造者 ➡

要说对农业和社会危害最大的害虫，蝗虫恐怕要排在前列了。

我国古代封建社会有三大自然灾害：水灾、旱灾、蝗灾。一旦发生蝗灾，严重时饿殍满地。据著名昆虫学家邹树文统计，自公元前722年至公元1908年的2630年间，中国有史记载的蝗灾共达455次，其中每5～6年就暴发1次。

蝗虫俗称"蚂蚱"，可啃食小麦、水稻、谷子、玉米、豆类、烟草、芦苇、蔬菜、果树、林木及杂草的叶子、嫩茎、花蕾和嫩果等，将叶片咬成缺刻或孔洞。蝗虫大发生时可将作物食成光秆或全部吃净，造成严重的经济损失。

明代徐光启在《农政全书》中说，蝗灾的危害甚至比水灾、旱灾还要严重。也有专家认为，一只小小的蝗虫，藏着帝国的兴衰之道。据记载，蝗虫造成了周期性的人类灾难。

直到今天，蝗灾仍是世界农牧业生产的重大威胁。

如2019年12月，东非经历了数十年来最严重的蝗虫（沙漠蝗）灾害，蝗灾蔓延至印度和巴基斯坦。据媒体报道称，蝗群的规模一度达到了惊人的4000亿只。这场大规模蝗灾的暴发，已经严重威胁到相关国家和地区的作物生产和粮食安全，成为2020年世界上重大的自然灾害之一。多个国家因为蝗虫的入侵而宣布进入紧急状态。

　　沙漠蝗直接跨越喜马拉雅山脉进入我国的可能性较小，但是如果 5—7 月西风急流和印度洋暖湿气流强劲，沙漠蝗仍然存在入侵我国的可能，进而对我国的农牧业生产构成严重威胁。

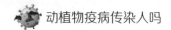

29. 草地贪夜蛾：
玉米"克星" →

一个"贪"字，准确点出草地贪夜蛾的特性：贪吃，贪得无厌！草地贪夜蛾是一种蛾类昆虫，是世界十大植物害虫之一。

草地贪夜蛾产于美洲热带和亚热带地区，俗称秋粘虫，是杂食性害虫。自 2016 年起，草地贪夜蛾散播至非洲、亚洲各国。很不幸的是，这个贪吃的家伙于 2019 年 1 月出现在我国云南地区，3 个月就扩散到了 5 个省份，造成了巨大的农业损失。主要啃食玉米、水稻等作物，玉米苗期受害可致减产 10% ～ 25%，严重的田块甚至毁种绝收。

草地贪夜蛾跨山越海，全靠"三大神通"。

第一，能吃。草地贪夜蛾属于杂食性害虫，寄主遍布 76 属 353 种植物，尤其偏好禾本科作物，比如玉米、甘蔗、水稻、高粱等，且食量惊人，一只成虫一顿就可以吃下接近自身体重的鲜叶，一旦成灾，可造成玉米减产 20% 以上，严重时可致绝收，堪称玉米"克星"。

第二，能飞。草地贪夜蛾成虫飞行能力强，借助气流，一夜能飞 100 千米，雌虫产卵前可飞 500 千米，相当于上海到合肥的距离。在季风的加持下，它们甚至可以乘风远距离进行跨洲际飞行。

第三，能生。草地贪夜蛾定殖繁衍效率极高，无滞育现象，对周围环境有极佳的适应能力，在温度 11 ～ 30 ℃均可以正常繁殖，在理想温度（28 ℃）下，30 天左右即可完成一个世代，且雌雄虫可多次交配，单头雌虫每次可产卵 100 ～ 200 粒，一生总产卵量可达 1 500 粒左右。

此外，它还十分抗药。草地贪夜蛾自身抗药性较强，传统农药较难实现对虫害的扑灭防治。

草地贪夜蛾自进入我国以来，在国内迁飞扩散速度之快，危害区域之广，后期防控难度之大，堪称历年之最。

30. 地中海实蝇：
水果"杀手" →

出国归来，你如果随身携带了新鲜水果，那么一定要配合海关进行检疫。因为，这些水果中可能藏着水果"杀手"，一种叫作地中海实蝇的虫子。

地中海实蝇原产于西非，现已分布于95个国家和地区，是重要的检疫性害虫。严重为害柑橘类、桃、杏、梨、杧果等水果，以及番茄、茄子、辣椒等茄科蔬菜。

我国各口岸从1993年首次截获地中海实蝇以来，至目前已有10余个口岸从进口的集装箱和旅客携带物中截获该虫。其寄主主要是辣椒、甜橙、石榴等，也有从运载废报纸的集装箱中截获此虫的记录。

地中海实蝇在我国无分布记录，但在日本、印度、伊朗等95个国家和地区有分布记载。1981年，美国加利福尼亚州地区成为地中海实蝇疫区，动用数千人展开了一场声势浩大的灭蝇大战，耗时27个月，花费了上亿美元。与此同时，全球多个国家和地区中断了与美国的水果、蔬菜贸易关系，美国因此蒙受巨大的经济损失。

地中海实蝇繁殖能力非常强，一头地中海实蝇雌虫仅需60天经三代繁殖，后代可达215亿头。地中海实蝇的成虫具有较强的飞行能力，其飞行距离为 3 212 千米。

　　早在 1954 年，我国对外贸易部公布的《输出输入植物应施检疫种类与检疫对象名单》中，就将地中海实蝇列为 30 种植物检疫对象之一，对其实施极其严格的检疫。

31. 红火蚁：
"无敌的" 小蚂蚁 ➡

　　人如果不小心被红火蚁咬一口就会感到剧痛难耐，甚至起泡，这个臭名昭著的入侵害虫的危害就是这么大。红火蚁，也叫外引红火蚁，其原产地在遥远的南美洲巴拉那河流域，其拉丁语的含义为"无敌的"蚂蚁。在野外辨认红火蚁，决不能单靠颜色，也并非直接去观察红火蚁长啥样，而是要看红火蚁的巢穴。

　　地栖蚂蚁大多非常低调，会把挖掘巢穴时掏出来的土壤，搬运到远离洞口的地方去，以防其他蚂蚁以这些土为线索抄了它们的老窝。但强横的红火蚁可不忌讳这个，它们会直接把"建筑垃圾"堆在家门口，于是这些搬运出来的土粒非常稀碎地在巢穴口堆积，就好像给大地吹了个小泡泡。

　　所以，在茂盛的草丛或者田地上，你如果发现地面非常突兀地冒出个土包，甚至将草坪草给掩埋，周围还有蚂蚁忙忙碌碌，那十有八九就是红火蚁的巢穴，周围的蚂蚁自然也就是红火蚁了。不过，可千万要控制住去"戳泡泡"的冲动，不然惹得红火蚁群起而攻之，那可就不好受了。

　　只靠颜色辨认红火蚁并不保险，我们还可以观察它们的结节。所谓"结节"，就是蚂蚁的胸部和腹部连接的那个部位，红火蚁的两节结节非常凸起，俯看就像俩念珠。

　　2004 年我国首次发现红火蚁，在农业范围内，红火蚁主要以食物的果实、种子、根系等作为食物来源，不仅会破坏植物根部，还会对庄稼和种子造成严重破坏。

别以为红火蚁仅仅危害农业，它还会利用上颚的钳子钳住人类的皮肤，并用腹部末端的螯针对人体进行连续多次的叮咬，且每次叮咬都会从其毒囊中释放定量的毒液。被叮咬的人大部分会感觉到明显的疼痛或者不舒适的感觉，少数人会出现对红火蚁毒液中的蛋白质过敏的现象，进而产生过敏性休克的现象，此种现象非常容易致人死亡。

此外，红火蚁还会对入侵地的通信设备、医疗体系等造成巨大的经济损失。我国国家林业和草原局 2019 年第 20 号公告对外来林业有害生物进行危害性评价，将红火蚁和美国白蛾、苹果蠹蛾、桑天牛、红脂大小蠹等有害生物划分为"二级危害性林业类有害生物"。

32. 苹果蠹蛾：
杂食性钻蛀害虫 ➡

吃苹果前一定要仔细看看，外表有没有"干疤"，如果有，很可能是食心虫在苹果里"打地道"留下的痕迹。

苹果牌"地道"

这类在苹果里"打地道"的食心虫有桃小食心虫、苹小食心虫、苹果蠹蛾、梨小食心虫等。其中，苹果蠹蛾是世界上最严重的蛀果害虫之一，在我国多发生在新疆、甘肃等地，是国内重要的检疫害虫。

新家又搬进一个大苹果，里面好吃好喝真不错

苹果蠹蛾幼虫蛀入苹果后就在果皮下咬一小室，并向种子室蛀食，有偏食种子的习性，幼虫有转果为害习性，一只幼虫可为害2～4个果实。造成大量落果，引发严重的产量损失和果品的质量下降。

　　苹果蠹蛾除了为害苹果和梨，还可为害桃、杏、樱桃等植物。它们有很强的适应性、抗逆性和繁殖能力，是一类对世界水果生产具有重大影响的有害生物。成虫体长8毫米，翅展15～22毫米，呈灰褐色。前翅臀角处有深褐色椭圆形大斑，内有3条青铜色条纹，其间显出4～5条褐色横纹，翅基部颜色为浅灰色，中部颜色最浅，掺杂有波状纹。

　　2010年1月7日，被原国家环境保护部列为中国第二批外来入侵物种名单。2020年9月15日，苹果蠹蛾被农业农村部列入《一类农作物病虫害名录》。

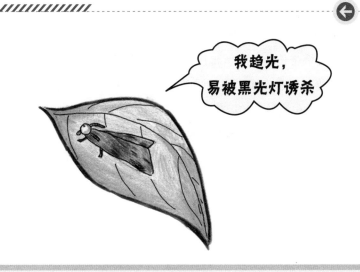

我趋光，易被黑光灯诱杀

33. 马铃薯甲虫：
毁灭性检疫害虫 ➡ //////////////

炸薯条、烤薯片、土豆炖牛肉，随着生活水平的提高，马铃薯和深加工产品越来越多地走上百姓餐桌。

但是，在马铃薯大田种植环节，有一个叫作马铃薯甲虫的害虫严重危害着马铃薯的生长。马铃薯甲虫是分布最广、为害最重的马铃薯害虫之一。马铃薯甲虫成虫和幼虫非常贪吃，有时会将马铃薯的叶子全部吃光。马铃薯甲虫会造成马铃薯减产30%～50%，最严重的甚至减产90%，乃至绝收。

马铃薯甲虫是世界著名的毁灭性检疫害虫，又称马铃薯叶甲虫或科罗拉多马铃薯甲虫，原产于北美洲，现分布于美洲、欧洲和亚洲部分国家。

马铃薯甲虫的传播途径主要有两个：一是自然传播，包括风、水流和气流携带传播，自然爬行和迁飞；二是人工传播，包括随货物、包装材料和运输工具携带传播。来自疫区的薯块、水果、蔬菜、原木及包装材料和运载工具，均有可能携带这种害虫。

马铃薯甲虫还喜欢取食茄子和番茄。在合适的条件下，马铃薯甲虫的虫口密度往往急剧增长，即使在卵死亡率为90%的情况下，若不加以防治，1对雌雄个体在5年内也可产生千亿个个体。

2020年9月15日，马铃薯甲虫被农业农村部列入《一类农作物病虫害名录》。

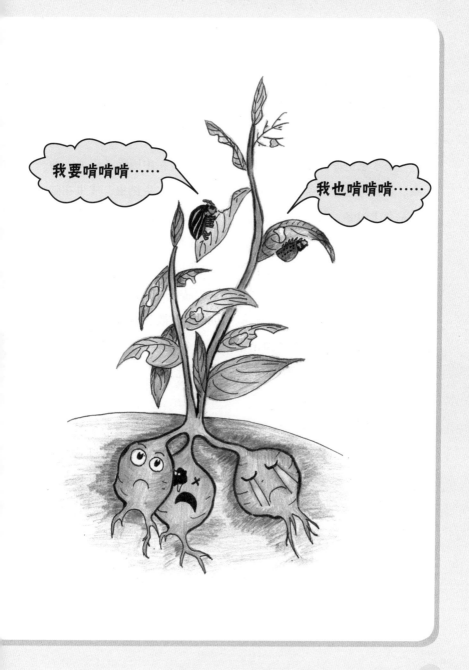

34. 稻水象甲：
把稻秧根部当美食 ➡

稻水象甲原产于美国东部、古巴等地，在中国除了青海、西藏、新疆等地区外都有分布。稻水象甲为半水生昆虫，成虫在陆地枯草上过冬。幼虫白而肥，无足，取食植物的一部分。成虫体长 2.6～3.8 毫米，喙稍弯，扁圆筒形，前胸背板宽，鞘翅有瘤突。为害作物时虫口密度可达每平方米 200 头以上。

该虫可随稻秧、稻谷、稻草及其制品等寄主植物，以及交通工具等传播。1976 年进入日本，1988 年扩散到朝鲜半岛。1988 年首次发现于我国河北省唐山市，1990 年在北京清河被发现。飞翔的成虫可借气流迁移 10 000 米以上。此外，还可随水流传播。寄主种类多，危害面广。

稻水象甲主要为害水稻，成虫喜食稻叶，有明显趋嫩绿的习性，一般会在叶尖、叶缘、叶间沿着叶脉的方向啃食嫩叶，在田间取食稻叶，为害稻秧根系，使水稻根系变少、变短，严重时水稻根系几乎被毁，整株枯死；为害秧苗时，可将稻秧根部吃光。一般可造成水稻减产 20%～50%，严重时甚至绝收。

35. 湿地松粉蚧:

松林的"噩梦" ➡ ///////////////

引进苗木千万要小心！必须得检疫！

湿地松粉蚧就是 1988 年引进湿地松优良无性系穗条时，未经检疫处理而不慎从美国传入我国，而且为害严重的一种松树害虫。

湿地松粉蚧又名火炬松粉蚧，原产于美国，主要为害火炬松、湿地松、长叶松、裂果沙松、萌芽松、矮松、马尾松、加勒比松等松属植物。

湿地松粉蚧主要以若虫为害湿地松松梢、嫩枝及球果。受害松梢轻者抽梢，针叶伸展长度均明显地减少。严重时梢上针叶极短，不能伸展或顶芽枯死、弯曲，形成丛枝。老针叶大量脱落可达 80%；尚存针叶也因伴发煤污病影响光合作用。球果受害后发育受限制，变小而弯曲，变形，影响种子质量和产量。

传播途径：湿地松粉蚧可借助寄主苗木、无性系穗条、嫩枝及新鲜球果进行远距离传播。

在检疫方法上要突出两点：一是重点检查松属植物苗木、接穗等繁殖材料，用肉眼或借助放大镜观察新梢顶端、新老针叶交界处的老针叶基部，嫩梢、新鲜球果上是否有蚧虫；二是检查带皮原木、运载工具上是否残留有枝条、球果、松针携带的虫体。

///////////

我国引入了不少松树优良品种，种植最广的有湿地松、火炬松和加勒比松，这些寄主都为湿地松粉蚧的扩散提供了便利。此害虫对本地的马尾松、南亚松等也构成了严重威胁，广东中部沿海的低海拔地带受此虫为害已相当严重，被危害区正在迅速扩散。该虫可以忍受冬季低温，因此有继续向北扩散的可能性。

五、

不长腿也四处乱跑的植物病害

篇首语：

虫子有翅膀可以到处飞翔，牛、羊有腿可以到处乱跑。然而，既没有翅膀，也没有长腿的植物病害，竟然也能四处传播。究竟是怎么回事？

原来，真菌、细菌等植物病原早就懂得怎么充分利用空气、土壤，以及人类的交通工具等寻找新的落脚点。

植物病害并不会传染人，但有些病害却是非常重要的检疫对象，因为它们给人类的生产、生活，甚至健康带来了重大影响。如造成爱尔兰大饥荒的马铃薯晚疫病，先后带走了百万爱尔兰人的生命，其危害不亚于重大的人兽共患病。

植物病害给人类的生产生活带来的不利影响和巨大经济损失必须引起高度重视。

36. 甘薯黑斑病：
误食易中毒 →

　　甘薯黑斑病，也叫黑疤病、黑膏药等。该病于 1890 年首先发现于美国，1905 年传入日本，1937 年由日本鹿儿岛传入我国辽宁省盖县（现盖州）。随后，该病逐渐由北向南蔓延为害，已成为我国甘薯产区为害普遍而严重的病害之一。

　　甘薯黑斑病每年导致我国甘薯产量损失 5% ～ 10%，发病严重时可达 20% ～ 50%，是甘薯的重要病害。其主要为害甘薯根部及茎部，传播途径多，危害严重，彻底根除较为困难。甘薯黑疤病在甘薯生育期或储藏期均可发生，主要侵害薯苗、薯块，不危害绿色部位。薯苗染病后，茎基白色部位产生黑色近圆形稍凹陷斑，后茎腐烂，植株枯死，病部产生霉层。薯块染病初呈黑色小圆斑，扩大后呈不规则、轮廓明显略凹陷的黑绿色病疤，病疤上初生灰色霉状物，后生黑色刺毛状物，病薯具苦味，储藏期可继续蔓延，造成烂窖。

　　此外，病薯内可产生有毒物质，食味极苦，容易引起人和家畜中毒，严重的甚至导致死亡。

　　此病可随薯块、薯苗的调运而远距离传播，已被列为国内检疫对象。

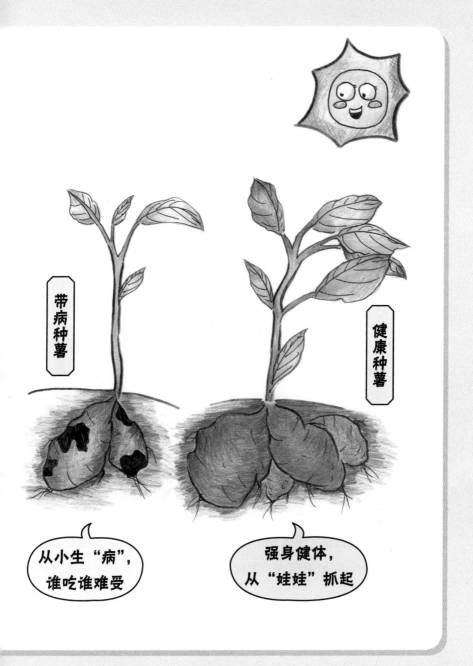

37. 小麦条锈病：
农业的国病 ➡

金黄色的麦浪随风翻滚，一排排收割机来回奔波。这是丰收的景象。然而，如果在尚未成熟的小麦田里出现大片黄色，那很可能是感染了小麦条锈病。

小麦条锈病也叫黄疸病，因为受害的叶片上出现长条状、铁锈状的病斑，所以形象地称它为小麦条锈病。不夸张地说，如果穿一条浅色的裤子，在病害最严重的麦地里来回走一圈，裤子都会被染成黄色的。

小麦条锈病的发病范围非常广，会造成小麦叶片损坏、灌浆不良、籽粒干瘪，严重影响小麦的产量，大流行年份可导致小麦减产 40% 以上，严重时还可能绝收。

小麦条锈病能发生在小麦生长的各个阶段。在苗期，幼苗叶片上可以看见孢子堆；在成熟期，会出现叶片破碎、叶脉受损等现象。每当冬季来临时，条锈菌就会不断繁殖，并侵染其他小麦，尤其一些常年气候温暖的产地，就会成为条锈病菌过冬的完美基地。在这里它会形成常年的循环侵染，非常利于条锈菌的扩散。

小麦是我国第二大粮食作物，小麦条锈病对小麦生产具有毁灭性的影响，防治难度大。因此，小麦条锈病又被称作农业的"国病"。

38. 松材线虫病：
令松树"致癌" ➡

　　森林最怕火灾，进入林区都有十分醒目的提示牌！然而，一种"不冒烟的森林火灾"带来的损失不亚于真正的火灾，它就是松材线虫病。

　　松材线虫病也称松树萎蔫病或松树枯萎病，是由松材线虫寄生在松科植物体内而致其迅速死亡的一种特大毁灭性病害。目前尚无有效药物可治，所以也被称为松树"癌症"。松材线虫原产于北美，可寄生松属的 20 种松树。

　　松材线虫病传播速度快、致病力强且极难防治，已被多国列入进出口必须严格检疫的有害生物。松材线虫主要寄生在松墨天牛体内做近距离传播。

　　1982 年，松材线虫病在江苏省南京市中山陵风景区的黑松上被发现，进而松林被入侵。自发现该病以来，松材线虫病疫情不断扩展，现已发展到我国江苏、浙江、辽宁等省份，造成近百亿元的直接经济损失和千亿元的间接经济损失，且该病每年都在扩散。

　　松树感染松材线虫病 40 天左右即可枯萎、死亡。如果整片松林感染了松树线虫病，那么 3～5 年，松林将可能被毁灭。

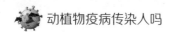

39. 小麦矮腥黑穗病：
严防境外输入 ➡ ////////////

当前，针对新冠肺炎疫情大流行的现实，我国采取了"外防输入、内防反弹"的策略，有效遏制了新冠肺炎疫情从境外输入和扩散蔓延。

有一种叫作小麦矮腥黑穗病的植物病，我们同样采取了"守好国门，外防输入"的策略。我国每年都要从国外进口小麦，一旦小麦矮腥黑穗病随着进口小麦传入我国，那后续的防控花费是非常巨大的。

为什么叫"小麦矮腥黑穗病"？主要是因为感染该病后小麦植株会出现矮缩现象，麦粒会变成黑粉粒、散发出鱼腥臭味等。

小麦矮腥黑穗病已被世界上 40 多个国家和地区列为重要检疫性病害，我国于 2007 年将其列入《中华人民共和国进境植物检疫性有害生物名录》。

小麦矮腥黑穗病目前主要分布在 26 个国家和地区，其主要寄主包括小麦、大麦、黑麦等禾本科 18 属 80 多种作物，是麦类黑穗病中危害最大、最难防治的病害。

未经处理的病麦加工的面粉不仅有着腥臭味，还会引起人畜恶心、呕吐等中毒症状。小麦矮腥黑穗病通过土壤、带菌种子及粮食进行远距离传播，而近距离传播是通过风雨、牲畜粪便和病麦洗麦水等媒介。

////////////

那边好臭啊

快把我拔了、埋了或烧了，下面的土记得也要消毒哟～

健康种子

患病种子

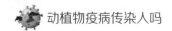

40. 梨火疫病：
"灼烧"的黑梨 ➡

梨树会得一种奇怪的病，叶片好像被火烧过一样，变成黑褐色，但梨果实仍挂在树上。科学家为此起了一个形象的名字：梨火疫病。

梨火疫病其实并不是因为火烧过，而是由梨火疫欧文氏杆菌侵染所引起的病害，该菌主要为害花、果实和叶片。梨火疫病于1780年第一次在美国纽约州和哈德逊河高地被发现，随着经济的全球化传播到世界各国。我国河北、北京、天津、河南等地都有发生。

梨火疫病的防治：第一，防止病害传入，对于尚未发现火疫病的地区，最重要的是切断病原传播途径。第二，要栽培抗病品种。第三，在秋末冬初，集中烧毁病残体，细致修剪。第四，要及时剪除病梢、病花、病叶。第五，必要时结合化学药剂进行防治。

火疫病是梨树的一种毁灭性病害。2012年5月，被列入《中华人民共和国进境植物检疫性有害生物名录》；2020年9月15日，被农业农村部列入《一类农作物病虫害名录》。

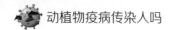

41. 柑橘黄龙病：
树毁园灭 ➜ ////////////

"柑橘黄龙病"，一看就有中国元素。没错！这个名字的确是中国科学家命名的。

柑橘黄龙病又称黄梢病、黄枯病，是由亚洲韧皮杆菌侵染所引起的、发生在柑橘上的一种毁灭性病害。严重影响柑橘产量和品质，甚至造成柑橘树枯死。

柑橘黄龙病对柑橘危害极大，会造成死树毁园，该病害一直是国际柑橘学界研究的重点。这种表现为绿树冠、中枝梢发黄症状的病害，最初由广东潮汕地区农民命名，在国内业界一直沿用至今。1956年，林孔湘教授在国内第一个将它定性为传染性病害，"柑橘黄龙病"最终成为全球柑橘学界统一名称。不过，林孔湘获此认定，是在论文发表的39年后。

柑橘黄龙病主要通过苗木、接穗和柑橘木虱传播。前两者可以在管理操作中尽量避免，但柑橘木虱作为柑橘黄龙病最重要的传播载体，却不好防治。

不想喷药，想吃绿色无污染的柑橘怎么办？万物相生相克，有一种体长不到1毫米的亮腹釉小蜂，就可以将卵产在柑橘木虱的若虫体内，进而达到寄生并杀死宿主的目的。

有趣的是，亮腹釉小蜂在选择宿主前，还会用触角不停敲打

/////////

柑橘木虱的若虫背部，并对一定范围内的若虫逐个检查，最后选择最健康的那只进行寄生。

世界上近 50 个国家和地区的柑橘种植区均会感染该病，我国已有 10 多个柑橘生产省份受到危害。

2020 年 9 月 15 日，柑橘黄龙病被农业农村部列入《一类农作物病虫害名录》。

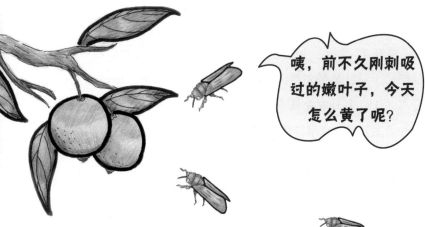

咦，前不久刚刺吸过的嫩叶子，今天怎么黄了呢？

柑橘木虱

42. 马铃薯晚疫病：
曾造成爱尔兰大饥荒 ➡ ////////////

真是不敢想象，一种农作物的病害竟然造成 100 多万人饿死和病死！

这种臭名昭著的病害就是马铃薯晚疫病。

晚疫病发生在马铃薯（土豆）的叶、茎和薯块上。薯块受害时会形成淡褐色、不规则的小斑点，稍凹陷，病斑下面的薯肉变褐坏死，最后病薯腐烂。我国中部和北部大部分地区发生普遍，其损失程度因各地气候条件不同而异。在适宜病害流行的条件下，植株提前枯死，可造成 20%～40% 的产量损失。

早在 17 世纪，土豆已经成为爱尔兰岛的首选农作物。到 19 世纪，土豆已是爱尔兰人维持生计的唯一农作物。1845 年之前，爱尔兰 150 多万农业从业者没有其他收入养家糊口，300 多万小耕种者主要靠土豆维持生计。

1844 年，欧洲大部分地区的农作物遭受到一种病菌的侵害，这种病菌蔓延速度很快，被报道为"马铃薯病菌"。1845 年夏末秋初，此病菌登陆爱尔兰岛，首次大暴发就使爱尔兰全岛土豆减产 1/3；第二年此病再次大流行，土豆几近无收，减产 3/4。至 1848 年，此病又一次大发生，虽然程度轻一点，但也让当地百姓的生活雪上加霜。灾荒一直持续到 1852 年，长达 7 年之久。

这场史无前例的大饥荒使爱尔兰人口锐减了 20% ～ 25%，约 100 万人饿死和病死，约 100 万人因灾荒而移居海外。

生在新时代、长在红旗下的你，相信一种小小的病菌能带走百万人口的性命，让整个国家变成人间"炼狱"吗？

除之不尽的入侵杂草

篇首语：

出国旅游归来，看到国外芬香扑鼻的花卉和各种新奇的植物，大家有没有想随手带一些回来？须知，这种想法不错，但你可能不知道，公民旅行归国携带的种子、花卉正是入侵杂草进入我国的主要途径。

动物会叫、会跑，病毒和细菌也会搭乘各种交通工具和物流闷不吭声地到处流窜。相比之下，杂草有根被固定住了，是不是就不会到处跑了呢？其实不然，杂草因为具有种子小且多、适应性强、隐蔽性强，以及几乎没有天敌等特点，其传播和入侵环境的程度一点儿也不比前两者差。

入侵杂草也是检疫中重要的检疫对象，作为"疫"源的一种，入侵杂草偶尔有被人误食导致中毒的现象，但基本不感染人。

随着全球经济一体化、对外贸易迅速发展等，外来物种跨越地域屏障，被有意或无意地带入新的区域，有的就变成了入侵生物。根据不完全统计，我国外来入侵有害物种达 520 余种，其中入侵植物就有 268 种，占 51.54%。入侵植物严重危害生态安全、经济安全和人民生命健康。

43. 加拿大一枝黄花：
观赏花变"恶魔花" →

1935 年，加拿大一枝黄花作为观赏植物传入我国长江三角洲地区，很招人喜欢。谁料好景不长，加拿大一枝黄花强大的繁殖能力以及多种途径的传播方式，让它在华东地区从人人喊"好"逐渐沦为恶性外来杂草，并逐步向全国其他地区辐射蔓延，严重威胁本地生态平衡和农林生产。

加拿大一枝黄花，又名黄莺、麒麟草，为菊科多年生宿根草本植物，植株高 1.5 ～ 3 米，茎基部光滑，上部有柔毛及糙毛。原产于北美，现已入侵到欧洲、亚洲和大洋洲等地，成为一种世界性的入侵性外来杂草，造成了严重的环境危害与经济损失。

加拿大一枝黄花具有繁殖力强、传播力强、生长周期长 3 个典型特征。通过虫媒传粉，每株加拿大一枝黄花可以产生 2 万多粒种子，理想状况下，其萌芽率高达 80%。

开花盛期，它的花朵随风摇曳，花絮落地即可播种入土并生根，翌年联合周围的加拿大一枝黄花呈扩展式生长。它还能通过各种鸟类及昆虫携带传播，其传播速度非常惊人，几乎凡能生长的地方，都离不开它的踪影，可谓是植物中的"佼佼者"。

加拿大一枝黄花会与周围的植物争夺阳光和肥料，从而造成许多经济作物直接减产。秋季在其他植物枯萎或停止生长时，加拿大一枝黄花依然茂盛，且其根茎继续横走，不断蚕食其他植物的领地，对生物多样性构成严重威胁，是名副其实的"恶魔花"。

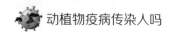

44. 飞机草：
有毒的杂草 ➡ ////////////////

飞机草也叫解放草、马鹿草、破坏草，是多年生草本植物。1934 年，飞机草首次在我国云南南部发现。80 多年来，飞机草在我国南方迅速传播，目前已遍布海南、云南等多个省份。

飞机草草叶中含有香豆素类有毒化合物，能引起人类皮肤病和过敏性疾病。人误食飞机草叶子会出现头晕、呕吐等中毒症状；家畜、家禽和鱼类误食，也会引起中毒。

飞机草的主要传播方式是风媒传播，但它的种子会黏附在人的鞋底、衣服或车轮上，从而被带到不同的地方。飞机草对环境的适应性极强，一旦扎根，无论在干旱贫瘠的荒坡隙地、墙头或岩坎，还是在石缝里，都能生长。

飞机草是世界公认的有毒杂草。它能分泌一种物质，排挤本地植物，让草场失去利用价值，并危害多种作物，尤其是玉米、大豆、甘薯、甘蔗，以及果树、茶树，给人们造成巨大的经济损失。

飞机草是世界上最具危害的植物之一。2001 年，国际自然保护联盟首次将其列入 100 种全球最具威胁的入侵物种名单中。2003 年，由国家环保总局和中国科学院发布的《中国第一批外来入侵物种名单》中，飞机草排在第七位。

////////////////

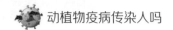

45. 黄顶菊:
生态"杀手" ➡

黄顶菊,又一个花朵呈黄色的外来杂草。

不过,黄顶菊入侵我国的时间较晚,2001 年在天津市和河北省衡水湖被发现,然后迅速扩散,目前已在山东、河北、天津等多个地区出现。2008 年以后,河北的黄顶菊入侵现象尤为严重,全省 70 多个县遭到入侵。

黄顶菊虽然是一年生草本植物,但它的能量不可小觑。黄顶菊善于与周围植物争夺阳光和养分,挤占其他植物生存空间。最厉害的是,黄顶菊的根能产生一种分泌物,抑制其他植物生长,最终导致其他植物死亡,甚至使一些生物物种灭绝,因此也获得了"霸王花"和生态"杀手"的称号。

黄顶菊最先生长在南美洲,后慢慢扩散到北美洲南部、美洲中部等地,后又慢慢传播至非洲各地以及西班牙、英国、法国、日本等地。2013 年入选我国《国家重点管理外来入侵物种名录(第一批)》,排第十一位。

黄顶菊一般生长在荒地、村旁、道旁、渠旁、堤旁,其根系发达,耐盐碱、耐瘠薄,最高可以长到 2 米。一株黄顶菊大约能开 1 200 朵花,每朵花可产上百粒种子,1 株能产十几万粒种子,种子扩散速度非常快。由于其花期长，花粉量大，花期与大多数土著菊科交叉重叠，所以在生长过黄顶菊的耕地里种植小麦、大豆等作物时，会导致这些作物的发芽率降低。

如果黄顶菊与区域内的其他土著菊科植物产生天然的菊科植物属间杂交，那么极有可能形成新的危害性更大的物种，后患无穷。

46. 水葫芦：
水上"绿魔" ➡ ////////////

20 世纪 60—70 年代，水葫芦被作为畜禽饲料大力推广。后来饲料工业迅速发展，水葫芦逐渐被废弃并成为野生植物。在上海，水葫芦甚至被称为水上"绿魔"。

水葫芦又名凤眼莲、假水仙、洋水仙等，原产于南美，20 世纪 30 年代传入我国。水葫芦在适宜条件下每天能增加 20%～30% 的生物量，是世界上生长、繁殖最快的水生植物之一。种子在几天内可萌发生长，也可休眠 15～20 年仍保持活力。

从全国范围看，水葫芦在华北、华东、华中、华南和西南的 19 个省（自治区、直辖市）水域均有分布，对我国广东、云南、台湾、福建、上海、浙江等地的为害最为严重。水葫芦快速繁殖，会将水面覆盖。其激烈的种内竞争会导致自身植株腐烂死亡，从而污染水体，加剧水体富营养化程度。

密集的水葫芦不仅降低了光线对水体的穿透能力，还会增加水中二氧化碳的浓度，降低水中的溶氧量，妨碍其他水生生物的生长而使生态链失去平衡，有些学者将之列为"世界十大害草"之一。滇池、太湖、黄浦江及武昌东湖等南方著名水体，水葫芦泛滥成灾，近年来的暖冬天气甚至会造成水葫芦反季节生长。

////////////

2007 年，水葫芦首次在我国暴发，自闽江上游漂流而来的水葫芦覆盖水口大坝整个库区，使水流的阻力剧增，直接影响了库区调水量。2009 年，福建闽江流域水口电站和沙溪口水电站的库区形成了数万亩的水葫芦聚集带，犹如茫茫草原，严重影响了水电站的正常运作。

47. 紫茎泽兰：
入侵物种第一名 ➡

紫茎泽兰是一种重要的检疫性有害植物，是中国遭受外来物种入侵的典型案例。它含有的芳香物质和辛辣物质均为有毒物质，家畜误食后会中毒甚至致其死亡。

紫茎泽兰是多年生草本或成半灌木状植物，根茎粗壮发达，直立，株高 30 ～ 200 厘米，分枝对生、斜上，茎紫色，被白色或锈色短柔毛。叶对生，叶片质薄，边缘有稀疏粗大而不规则的锯齿。

紫茎泽兰侵入农田、林地、牧场后，与农作物、牧草和林木争夺水分、养分、阳光和空间。它的分泌物还能抑制周围植物生长，破坏生物多样性，对农作物产量、草地维护、园林景观等都有较坏影响。

可怕的是，每株紫茎泽兰每年可产瘦果 1 万粒左右，随风到处传播。

子子孙孙
无穷尽也

紫茎泽兰原产于墨西哥，在 19 世纪作为一种观赏植物在世界各地引种，后因繁殖力强，已成为全球性的入侵物种。目前，主要分布于中国、美国、澳大利亚、新西兰等地。在 2003 年由国家环保总局和中国科学院发布的《中国第一批外来入侵物种名单》中，紫茎泽兰名列第一位。

48. 互花米草：
逐渐由好变害 →

互花米草是一种多年生耐盐草本植物，具有很强的繁殖能力，它耐水淹、耐酸碱、耐高盐，能够适应不同的生境，尤其适应滩涂海岸的生存环境。

南京大学于 1979 年将互花米草引入我国，试种成功后，互花米草曾取得了一定的经济效益。然而，近年来，互花米草却从海岸"守护者"变成了难治理的入侵物种。主要原因在于：互花米草繁殖能力很强，每平方米互花米草可结几百万粒种子。互花米草是一种竞争性极强的碳四植物，光合效率高，生长迅速，地下根系发达，深达 100 厘米，单株最高可长到 3 米。

这就严重挤压、破坏了近海生物的栖息环境，影响滩涂养殖；影响海水交换能力，导致水质下降，并容易诱发赤潮；堵塞航道，影响船只出港；威胁本土海岸生态系统，致使大片盐沼植物消失。

2003 年国家环保总局和中国科学院发布了《中国第一批外来入侵物种名单》，这些外来入侵物种已对我国生物多样性和生态环境造成了严重的危害，同时造成了巨大的经济损失。互花米草作为唯一的海岸盐沼植物名列其中。

49. 薇甘菊：
爱"绑架"林木 ➡

　　想知道世界上最具危险性的植物是哪些吗？薇甘菊肯定算一个！它已被列入世界上最具危害性的 100 种外来入侵物种，是我国检疫性有害生物。

　　薇甘菊也称小花蔓泽兰或小花假泽兰，是菊科多年生草本植物或灌木状攀缘藤本，茎圆柱状，叶薄，淡绿色，头状花序小，花冠白色，1 平方米内的花朵数可达 20 万朵，繁殖力极强。

　　薇甘菊是多年生藤本植物，生长速度快，平均一天长 7 厘米，喜欢攀缘缠绕乔灌木植物，并将植株快速覆盖，阻碍附主植物的光合作用继而导致附主死亡，所以又被称为"植物杀手"。

　　薇甘菊原产于南美洲和中美洲，现已广泛传播到亚洲热带地区，是当今热带、亚热带地区危害性最严重的杂草之一。在我国薇甘菊主要危害天然次生林、人工林，对 8 米以下，特别是对一些郁闭度小的林木危害最为严重。

　　薇甘菊在 2008 年后已广泛分布在我国珠江三角洲地区，被列入我国首批外来入侵物种。

七、
探寻疫病元凶

篇首语：

这么多动植物疫情，是谁在背后作祟？原来是一类个体无法用肉眼观察的微小生物在捣乱，它们被称为微生物。还有一类危害人类生产生活的昆虫，我们常叫它们害虫。

微生物，顾名思义就是很小。小到什么程度？人们只有借助显微镜或者电子显微镜放大数百倍、数千倍甚至数万倍才能看清它们的真面目。

当然，微生物也不是小到用肉眼看不见的地步。例如，超市里、餐桌上的蘑菇用肉眼就能看到，它们属于真菌，也算微生物的一种。

害虫是对人类有害的昆虫的通称。当一种昆虫对人类本身或他们的作物和牲畜有害时，就被认为是害虫。害虫的体型一般都不大，但它们以大量个体组成害虫种群，同时取食为害作物或林木，也会造成巨大的损失。例如，由蝗虫引起的蝗灾，可以使庄稼颗粒无收，引发严重的经济损失甚至因粮食短缺而发生饥荒。

50. 细菌

细菌的个体非常小，最小的细菌是纳米细菌，直径只有几十纳米，它们大多数只能在显微镜下被看到。

细菌这个名词最初由德国科学家埃伦伯格在 1828 年提出，用来指代某种细菌。这个词源于希腊语 βακτηριον，意为"小棍子"。

19 世纪 60 年代，法国科学家巴斯德用鹅颈瓶实验指出，细菌不是自然发生的，而是由原来已存在的细菌产生的。由此，巴斯德提出了著名的"生生论"，并发明了巴氏消毒法，被后人誉为"微生

物之父"。1866 年，德国动物学家海克尔建议使用"原生生物"，此概念包括所有单细胞生物（细菌、藻类、真菌和原生动物）。

1878 年，法国外科医生塞迪悦提出用"微生物"来描述细菌细胞或微小生物体。

细菌到底有多少种？时至今日仍没有统一的结论。尽管有人估计地球上有 1 000 亿种微生物，海洋中有 2 000 万至 10 亿种微生物，数量达到 10^{30} 个（占据海洋生物重量的一半以上）。目前，并没有什么好的办法对细菌的数量做出统计，但依靠基因测序技术预估地球上的细菌数量，只有数百万种。

细菌按其外形分为三类：身体瘦瘦长长的，是杆菌；个儿又胖又圆的，叫球菌；体形弯弯扭扭的，称螺旋菌。不论哪种形状，它们都只是单细胞。

细菌对人类活动有很大的影响。一方面，细菌是许多疾病的病原体，包括肺结核、淋病、炭疽、梅毒、鼠疫、沙眼等疾病都是由细菌所引发。另一方面，我们也常常会巧妙地利用细菌为人类服务，如制作乳酪及酸奶、制造部分抗生素及处理废水等。

在细菌领域，近年来比较值得关注的是超级细菌！

超级细菌不是特指某一种细菌，而是泛指那些对多种抗生素具有耐药性的细菌，它的准确称呼应该是"多重耐药性细菌"。

这类细菌对抗生素有强大的抵抗作用，能逃避被杀灭的危险。由于大部分抗生素对其不起作用，超级细菌对人类健康已造成极大的危害。

细菌耐药性的产生与临床上广泛应用抗生素有一定关联，而抗生素的滥用则加速了这一过程。抗生素的滥用使得处于平衡状态的抗菌药物和细菌耐药性之间的矛盾被破坏，具有耐药能力的细菌通过不断进化与变异，获得了针对不同抗菌药物耐药的能力，这种能力在矛盾斗争中不断被强化，于是细菌逐步从单一耐药发展为多重耐药甚至泛耐药，最终成为耐药超级细菌。

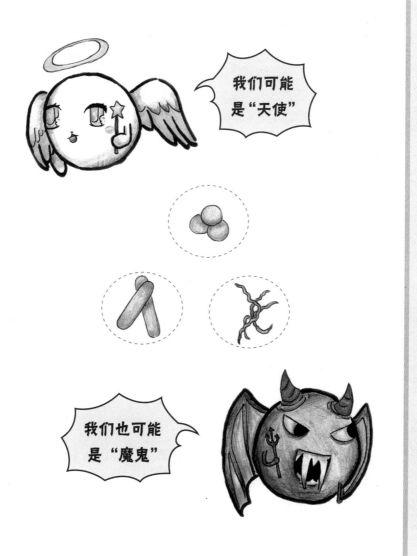

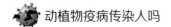

51. 病毒

　　传染性非典型肺炎（非典）、禽流感、中东呼吸综合征、埃博拉出血热、新冠肺炎……短短 20 年时间，病毒对人类的侵袭就没有停止。尤其是目前正在流行的新冠肺炎病毒，让人们对病毒有了更多的认知和关注。

　　病毒的结构非常简单，由一个核酸长链和蛋白质外壳构成。病毒没有自己的代谢机构，离开了宿主细胞，就不能独立繁殖。所以病毒必须进入宿主，依赖宿主细胞内的物料大量复制新的病毒颗粒，才能完成繁衍后代的使命。

　　病毒是地球上存在历史最为悠久、分布最为广泛的物质之一，无论是高山还是平原，无论是海洋还是陆地，都有它们的身影。

　　截至目前，我们所认知的病毒种类还不到 1 万种，而据不完全估测，世界上的病毒种类至少有几十亿种。因此，人类对病毒的了解和认知仅仅是病毒大军的冰山一角。

　　按照遗传物质的不同，可以将病毒划分为 DNA 病毒、RNA 病毒和朊病毒（蛋白质病毒）三大类。

　　按照寄生宿主的不同，可以将病毒划分为植物病毒、动物病毒和噬菌体（细菌病毒）三大类，其中噬菌体的入侵对象比较特殊，仅是细菌、真菌、放线菌或者螺旋体等微生物。

　　按照病毒毒性的不同，可以将其划分为温和类病毒和烈性病毒两大类，其中温和类病毒占据了病毒种类中的绝大多数部分，对于宿主细胞的破坏力比较一般；而烈性病毒能够在短时间内最大程度地破坏宿主细胞，引发严重的机体损伤甚至令机体死亡。

　　做好病毒的防控，关键在于根据病毒的不同类型，采取相应的抑制或者阻断措施，减少病毒的传播范围。同时研发出针对性的疫苗和特效药物，激发和提升人体的免疫系统能力，提高人体与病毒的"斗争"效率。

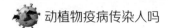

 **真菌**

真菌一词的拉丁文原意是蘑菇，是一种真核生物。所谓真核生物就是由真核细胞构成的生物，是所有单细胞或多细胞、其细胞具有细胞核的生物的总称。

真菌包含霉菌、酵母以及其他人类所熟知的菌菇类。真菌独立于动物、植物和其他真核生物，自成一界。真菌的细胞含有甲壳素，能通过无性繁殖和有性繁殖的方式产生孢子。

虽然真菌长得比较小，但千万不要小瞧他们，全球现在已经发现的真菌就有 12 万多种了，但这也只是自然界中真菌大军的一小部分。

真菌的作用多种多样。

作为大自然的"清洁工"，如果没有真菌分解动植物残体，大自然就不会像现在这样清新、美丽；真菌还可以分解生活中的一些塑料，使垃圾处理更生态环保。

但真菌中也存在大量"坏分子"，比如可以引起人类包括手足癣、体癣等在内的疾病，引起植物的病害包括根腐病、霜霉病等。"坏分子"还可能是一些大型毒蘑菇，比如云南常见的"红伞伞，白杆杆"野生菌——毒蝇伞，人误食后会引起恶心、呕吐，出现各种各样幻觉等症状。

　　生活中，我们应该多了解真菌，充分利用有益真菌，尽量远离有害真菌。

我们都和真菌家族有千丝万缕的关系

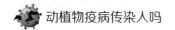

 **害虫**

害虫，顾名思义，即有害的虫子。也可以说是对人类有害的昆虫的通称。

从人类自身来看，判断一种昆虫是有益还是有害，相当复杂，判断结果常常因时间、地点、数量的不同而不同。例如，吃植物的昆虫数量小、密度低，一段时间内对农作物的影响没有或不大，那么它们不应被当作害虫而采取防治措施。相反，由于它们的少量存在，为天敌提供了食料，可使天敌滞留并壮大，这时就应把这样的害虫当作益虫看待。

还有，蚂蚁有时是害虫，那是因为蚂蚁老是在人类食物中乱爬、乱啃，很不卫生。反过来讲，蚂蚁又是益虫，它们会捕食农业害虫，控制虫口数量。有的蚂蚁还有益于人类身体健康，可以作为药物帮助人类治疗一些疾病。

蝴蝶和蛾的幼虫可能会为害作物，但是成年后却会为植物传播花粉。还有些害虫本身营养价值很高，可以成为很好的药材。

害虫大致可分为以下几类。

1. 食叶类害虫

鳞翅目的大部分蛾类和蝶类，其幼虫都以植物叶片为食，例如我们常能见到的黄刺蛾、国槐尺蛾、菜青虫、小菜蛾、草地螟等。此外，鞘翅目的叶甲类、膜翅目的叶蜂等，也是取食叶片的重要害虫。这些害虫猖獗时能将叶片吃光，并为天牛、小蠹虫等蛀干害虫侵入植株提供适宜条件，既影响植物的正常生长，又降低植物的观赏价值。

2. 刺吸植物汁液类害虫

此类害虫主要有蚜虫类、介壳虫类、木虱类、飞虱类、叶蝉类、蟜象类、蓟马类等。这些害虫往往个体小，但数量极多，常群居于嫩枝、叶、芽、花蕾、果上，汲取植物汁液，造成枝叶及花卷曲，甚至整株枯萎或死亡。同时它还诱发煤污病，有时害虫本身就是病毒病的传播媒介。

3. 蛀干性害虫

蛀干性害虫主要有鳞翅目的木蠹蛾科、透翅蛾科，鞘翅目的天牛科、小蠹科、象甲科，膜翅目的树蜂科、等翅目的白蚁等。

蛀干性害虫生活隐蔽，天敌种类少，个体适应性强，对园林植物而言是一类毁灭性害虫。它们以幼虫蛀食树木枝干，不仅使植物输导组织受到破坏而引起死亡，而且还在木质部内形成纵横交错的虫道，降低木材的经济价值。

4. 地下害虫

地下害虫主要栖息于土壤中，取食刚发芽的种子、苗木的幼根、嫩茎及叶部幼芽，给苗木带来很大危害，严重时造成缺苗、断垄等。此类害虫种类繁多，主要有直翅目的蝼蛄，鳞翅目的地老虎，鞘翅目的蛴螬、金针虫，双翅目的种蝇等。

本书重点关注对我国农业生产和生态安全有重大影响，以及存在入侵风险的重要害虫。例如，马铃薯甲虫、地中海实蝇、美国白蛾等。海关和农业农村部等单位一直在加强口岸检疫，严防死守检疫性害虫。

还有 2019 年出现在我国包括台湾在内的 18 个省份，并已造成巨大农业损失的草地贪夜蛾，它原产于美洲热带地区，具有很强的迁徙能力。

与此同时，2019 年暴发的沙漠蝗，导致东非 2 000 多万人陷入粮食危机，影响了全球 10% 的高粱供应，同时造成巴基斯坦小麦减产，印度 555 万亩农田受损。

据统计，沙漠蝗成虫种群每天可飞行 150 千米，4 000 万头沙漠蝗大军一天可吃掉 3.5 万人一天的口粮，严重危害非洲、亚洲以及中东地区等 60 多个国家的农业生产。

沙漠蝗千余年来一直存在于非洲干旱和半干旱的沙漠地区，是世界上最具破坏性的迁徙性害虫，也是全球重大的农业害虫。

八、如何减少疫病传染

篇首语：

　　面对病毒、细菌等的疯狂进攻和侵袭，难道人类只能束手无策吗？不，我们必须行动起来，用科学技术构筑起一道坚实的疫情"防火墙"，保护人类和畜禽的安全。

　　畜禽产品质量安全关系着企业的生存、发展，关系着人民群众的身体健康和社会稳定。在与病毒、细菌等长期较量的过程中，人类不断地总结，提炼出一整套构建疫情"防火墙"的方法，如检疫、隔离、注射疫苗等，取得了明显的效果。

54. 检疫

　　自然界中的生物，从微生物、植物到动物，如遇适宜的气候条件、寄主食物或养分，就能存活、繁殖，但很多生物的大量发生会直接或间接对人类造成危害。"检疫"是我们应对这些危害的重要手段。

　　在我国，战国时期的秦国就有法律规定：对于过境马车必须用火焚燎其车身，以防止疫病传入；自唐代开始，在广州等重要通商口岸出现了负责外贸管理、关税征收、进出口商品检验等多种职能为一体的官员——市舶使；宋代设立的市舶司，具有对海外贸易船只"著其所至之地，验其所易之物"的职责。

　　在国外，意大利为了防止黑死病等疫病的侵袭，于1348年在威尼斯建立拉萨古检疫站，并于1377年要求船舶到港30天后证明没有黑死病发生才能登陆；而法国马赛于1383年要求船舶到港40天后才能登陆，之后意大利威尼斯于1403年也改为40天隔离观察期，检疫（quarantine，原意为"四十天"）也由此得名。

　　检疫是风险管理的一种措施，是为了确认某种对象达到一定要求和标准的评定过程。当人类、动物、植物等由一个地方进入另一个地方，为防止传染病传播，必须进行隔离检疫，尤其当地可能发生过传染现象时。为了预防传染病的输入、传出和传播所采取的综合措施，包括医学检查、卫生检查和必要的卫生处理。

我国在国境处（如国际通航的港口、机场以及陆地入境处和国界江河的口岸设立国境卫生检疫站），配备了专业医务人员代表国家执行检疫任务，对发病者、可疑病人及密切接触者都要进行隔离或留检。

因此，当我们出国或者回国经过海关时都要接受相应的检疫，积极配合工作人员的工作，同时注意不要携带动植物产品。

55. 隔离

新冠肺炎疫情以来，我们对隔离不再陌生，大到一座城，小到一个家，都能成为隔离的主体。很多人可能一听到"居家隔离"这个词就慌了。我是不是"小阳人"啊？我会不会有生命危险啊？我在家里有没有人管我啊？其实，大家不必慌张，隔离的目的就是让我们把病毒"困"起来。

居家隔离，也不要忘记学习～

隔离是为避免传染病病人把病传染他人，而将病人与其他人隔开的措施。一般根据各种疾病传染性的大小和传播途径的不同，而采取不同的隔离措施。

传染病隔离是将处于传染病期的传染病病人、可疑病人安置在指定的地点，暂时避免与周围人群接触，便于治疗和护理。通过隔离，可以最大限度地缩小污染范围，减少传染病传播的机会。

对于传染性极强的烈性传染病，如霍乱、鼠疫、非典等采取严格隔离；对于经空气中飞沫传播的感染性疾病，如流行性感冒、流行性脑炎、肺结核等采取呼吸道隔离措施；对于消化道传染病，如细菌性痢疾、伤寒、甲型病毒肝炎等采取消化道隔离或床边隔离措施；对于接触传播的疾病，如皮肤炭疽、破伤风、气性坏疽等采取接触隔离措施；对于昆虫传播的疾病，如疟疾、斑疹、伤寒、流行性乙型脑炎、流行性出血热等采取虫媒隔离措施等。

56. 注射疫苗

　　新冠肺炎疫情以来，很多人已经注射了3次疫苗。其实从出生开始，我们就不断地在打疫苗了。

　　目前，我国新冠肺炎疫苗接种工作正有序推进，大家对疫苗已经不再陌生。一些民众对是否打疫苗存在疑虑，抱着"再等一等"的想法，观望、犹豫。过去的经验告诉我们，靠疫苗我们消灭了天花，消除了小儿麻痹症；也是凭借疫苗，使我国的乙肝患者由原来的百分之十几降到现在5岁以下的孩子感染率为千分之三，所以大家一定不要再"疫苗犹豫"。

　　简单来说，预防接种用的各种自动免疫制剂统称为疫苗，它是利用病原微生物及病原微生物代谢产物，经过灭活（杀死微生物）或减毒所制成的。疫苗是对抗传染病最有力的武器。疫苗是指用各类病原微生物如病毒、细菌等制作的用于预防接种的生物制品，它能使机体产生免疫力，如麻疹疫苗等。

　　疫苗分为活疫苗和死疫苗两种。常用的活疫苗有卡介苗、脊髓灰质炎疫苗、麻疹疫苗、鼠疫菌苗等。常用的死疫苗有百日咳菌苗、伤寒菌苗、流脑菌苗、霍乱菌苗等。

　　接种疫苗是预防和控制传染病最经济、最有效的公共卫生干预措施，对于家庭来说也是减少成员疾病发生、减少医疗费用的有效手段。所以，大家要积极接种疫苗，构筑全社会的免疫屏障。

57. 消灭病原

　　新冠肺炎病毒以空前的规模残酷来袭，蔓延速度超出了所有人的想象，在全球都笼罩在新冠肺炎疫情阴影下的今天，医疗工作者们在不知疲倦地与时间赛跑，抢救着患者的生命。佩戴口罩，做好自身的防护，已成了大多数人的生活习惯。接下来，如何消除感染源就显得尤为重要。

　　消毒是指利用物理或者化学方法消灭大部分微生物，使其数量降低到较为安全的水平的过程。病毒的结构，大致为蛋白质形成的衣壳和其内包裹着的核酸，但有一些病毒在这层衣壳之外，还具有一层（可能从宿主细胞膜那里"借"来的）由蛋白质、多糖和脂类构成的包膜，这使得在面对消毒剂时，我们可以将病毒大致分为具有包膜的亲脂性的病毒颗粒和不具有此层包膜的非亲脂性病毒。冠状病毒是一类具有包膜的 RNA 病毒，当包膜被消毒剂破坏后，RNA 也非常容易被降解，从而使病毒失活。这时，就必须采用化学和物理等方法消灭病原，如各种消毒剂、酒精、药物等。

58. 提高自身免疫力

　　疫情防控期间，我们听得最多的一个词就是"免疫力"，同样的病毒感染，有人轻症，有人重症，这就和身体免疫状态息息相关了。人体免疫系统的强弱很大程度上决定了我们抵抗外来细菌、病毒的能力。免疫系统是覆盖人全身的"防卫网"，健康的生活方式和均衡的营养相结合，人体细胞才能更有活力，免疫力也才能逐步增强。

　　那我们应如何有效提高免疫力？大家最容易忽略的科学保健方式，其实就是在日常生活中多锻炼身体，多吃蔬菜、水果和有营养的食物。

总结如下：营养要全面均衡适量，避免过度疲劳，保持心理健康，经常锻炼，培养多种兴趣，保持精力旺盛，戒烟限酒。总之，疫情期间要注意合理饮食，增加蛋白质等营养，同时加强锻炼，努力提高自身免疫力。

59. 改善公共卫生环境

平时要注意改善公共卫生环境，如及时清理楼道里的杂物，公共场所不乱丢垃圾等，不给传染病病原孳生的环境。

公共场合禁止不文明习惯

保持勤洗手、咳嗽和打喷嚏时遮掩口鼻等个人卫生习惯。尽量避免接触畜禽及其粪便。不可避免接触时应佩戴口罩和手套，处理活的或冷冻畜禽产品后用洗手液或肥皂等彻底清洗双手。

进食的禽肉蛋类要彻底煮熟。加工、保存食物时要注意生、熟分开。食生蛋、食生鱼、吃醉蟹等不良习惯都有可能染上人兽共患病，最好避免。

　　注意自家宠物用具的清洗消毒，尽量不与宠物拥抱、亲吻、食同桌、寝同床。保持室内空气新鲜清洁和流通，每天至少开窗30分钟，换气两次，尽量少去空气不流通的场所。

　　外出旅游不与野生动物密切接触。如果接触了病死禽或患有严重传染病的动物后出现发热、咳嗽、鼻塞、流涕、全身酸痛、无力、关节疼等症状，要立即到正规医疗机构就诊。

如果给我搭个窝，我就不蹭主人的床了

致 谢

在本书正式出版之际，首先要感谢中国科协"科普中国创作出版扶持计划"的项目支持，感谢中国科技新闻学会的大力推荐。

特别感谢方智远院士、喻树迅院士、康振生院士等著名专家的肯定和大力支持！感谢人民日报社领导和同事们在日常新闻采写和本书编写过程中给予的大力支持和帮助！

感谢中国科技新闻学会副理事长兼秘书长许英、中国科学院科学传播研究中心副主任邱成利等审读专家提出的重要修改意见，让本书框架更清晰，内容更充实。感谢中国动物卫生与流行病学中心党组成员、副主任郑增忍研究员，中国农业科学院植物保护研究所研究员高利，中国电子口岸数据中心主任北京分中心主任汪万春研究员，北京农学院教授倪和民，深圳海关动植物检疫处四级主管陈晓宇，科技日报刘晓芹等。专家学者在图书撰修过程中提出的宝贵思路和想法，增强了本书的专业性和科普性。

尤其感谢中国农业大学附属小学的曲晨阳同学，她利用课余时间，在专业性较强的动植物领域认真钻研，创作了大量科普插画，极大提高了本书的趣味性和可读性。

最后，感谢中国农业大学出版社的席清社长、董夫才常务副社长、丛晓红总编辑等领导在项目申报、图书出版等方面给予的大力支持，感谢刘聪编辑全程的工作配合和辛苦付出！